当代青少年素质教育优秀读本

青少年科普丛书

追寻
物理本质

宁正新／主编

中央编译出版社
CCTP　Central Compilation & Translation Press

图书在版编目(CIP)数据

追寻物理本质 / 宁正新编著. — 北京:中央编译出版社,2010.5
(青少年科普丛书)
ISBN 978-7-5117-0296-8

Ⅰ.①追… Ⅱ.①宁… Ⅲ.①物理学-青少年读物 Ⅳ.①O4-49

中国版本图书馆 CIP 数据核字(2010)第 067656 号

青少年科普丛书

追寻物理本质

出 版 人	和 龑
编　　者	宁正新
责任编辑	王丽芳
出版发行	中央编译出版社
地　　址	北京西单西斜街 36 号(100032)
电　　话	(010)66509360(总编室)　　(010)66509246(编辑室)
	(010)66509364(发行部)　　(010)66509618(读者服务部)
网　　址	www.cctpbook.com
经　　销	全国新华书店
印　　刷	北京建泰印刷有限公司
开　　本	787mm×1092mm　1/16
印　　张	13
字　　数	200 千字
版　　次	2010 年 5 月第 1 版第 1 次印刷
定　　价	25.80 元

本社常年法律顾问:北京建元律师事务所首席顾问律师　　鲁哈达
凡有印装质量问题,本社负责调换,电话:010-66509618

 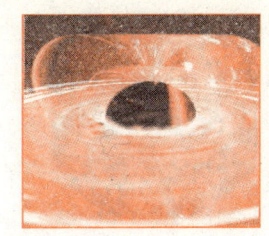 

　　物理是一门历史悠久的自然学科，它是研究物质存在的基本形式、本质和运动规律及物体之间的相互作用和转化的规律的科学。它崇尚理性、重视逻辑推理。可以说物理学是关于"万物之理"的科学。物理更是当今众多新技术的源泉及发展基石。

　　从早期人们感官视觉的延伸到近代人们发明创造观察测量用的科学仪器，再到现在已经基本建立的物理学理论结构，物理学越来越被人们所重视和应用。它是一切自然科学的基础，其研究方法也是自然科学的普遍方法，物理科学作为自然科学的重要分支，不仅对物质文明的进步和自然界认识的深化起了重要的推动作用，而且对人类的思维发展也产生了不可或缺的影响。从亚里士多德时代的自然哲学，到牛顿时代的经典力学，直至现代物理中的相对论和量子力学等，物理科学的每一步发展都与我们的生活息息相关。如果我们在平时能够仔细观察多多注意身边的各种现象，就会惊奇地发现，物理原来无处不在！比如蚂蚁为什么会摔不死呢？筛子也是可以盛水的？时光竟然能倒流？小鸟能把飞机撞落……只要我们平时注意观察，善于提问就一定能发现这些问题的奥妙所在，这样才能使物理从那些枯燥的理论中破茧而出，让它不仅变得多姿多彩、活泼生动，而且还能够将学到的知识应用到现实生活中，达到学以致

序言 PREFACE

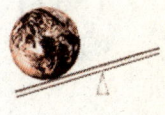

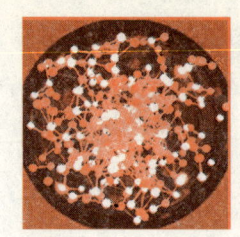

PREFACE 序言

用的效果呢。

《青少年科普丛书·追寻物理本质》以优美的文字、广博的信息和精美的插图,用娓娓道来的方式讲述着一个又一个神奇的物理知识,为大家揭示各种物理现象的本质,带领大家翱翔在探索、发现、创新的世界中。本书共分为物理故事、物理猜想、物理百科三大部分。在物理故事里我们精选了关于力和运动的现象,如无处不在的万有引力、神奇的摩擦力、看不见的大气压力等。在物理猜想中我们将为你介绍物理学家的科研探究过程等。在物理百科中则为你链接了大量小知识,让你在不知不觉中学到更多的知识。

请打开你手中的这本书,跟随我们一同畅游"万物之理"的科学海洋吧,你将会感受到物理世界的发现与发展,物理学家的激情与沉思,物理学中的大智慧……

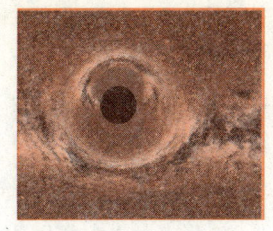

序言 ………………………………………………………… 1

物理故事

浮力定律的发现 ………………………………………	2
安培与电学 ……………………………………………	5
伏打电堆的发明 ………………………………………	8
电的探索发现 …………………………………………	11
杠杆原理的发现探知 …………………………………	14
惯性与相对性原理 ……………………………………	17
光的折射 ………………………………………………	20
光量子理论的提出 ……………………………………	23
量子霍尔效应的发现 …………………………………	26
能量子的发现 …………………………………………	29
帕斯卡定律的发现 ……………………………………	32
宇称守恒定律与宇称不守恒 …………………………	35
欧姆定律的发现 ………………………………………	38
法拉第发现电磁感应现象 ……………………………	41
压电效应的历史与应用 ………………………………	44
迈克尔孙干涉仪的发明 ………………………………	47
塞曼效应 ………………………………………………	50
红宝石激光器的发明 …………………………………	53
气泡室的发明 …………………………………………	56
世界首座裂变反应堆 …………………………………	59
反质子的发现 …………………………………………	62
德谟克利特继承发展原子论 …………………………	65

目录 CONTENTS

瑞利出版《声学原理》················· 68
中子的发现 ······················· 71
回旋加速器的发明 ··················· 74

物理猜想

当今世界十大物理难题 ················· 78
物理学前沿八大难题 ·················· 81
破解世界上最复杂的对称体 ·············· 84
探索反物质之谜 ···················· 87
四维空间 ························ 90
引力波之谜 ······················· 93
夸克探秘 ························ 96
风洞 ··························· 99
天空的色彩变化 ···················· 102
神奇的暗物质 ····················· 105
"白胡子"的来历 ···················· 108
为什么士兵枕着箭筒睡觉 ··············· 111
惊险刺激的过山车 ··················· 114
香槟酒的美丽气泡 ··················· 117
防不胜防的"香蕉球" ················· 120
保护眼睛的太阳镜 ··················· 123
照耀未来的激光 ···················· 126
音箱中的物理学知识 ················· 129
上帝的粒子 ······················ 132
面粉为何会爆炸 ···················· 135

制冷王国的秘密 ········ 138
零高度飞行器 ·········· 141
翱翔在空中的精灵 ····· 144
美丽的幻境 ············ 147
来自天空的能源 ········ 150

物理百科

物理学 ················ 154
电磁学 ················ 155
热力学 ················ 155
光学 ·················· 157
力学 ·················· 158
牛顿力学 ·············· 159
量子力学 ·············· 159
狭义相对论 ············ 160
广义相对论 ············ 161
牛顿运动定律 ·········· 162
万有引力定律 ·········· 163
动量守恒定律 ·········· 164
电荷守恒定律 ·········· 165
安培定律 ·············· 165
欧姆定律 ·············· 166
库仑定律 ·············· 167
重力 ·················· 167
重量 ·················· 168

光谱 ·················· 168
超导 ·················· 169
真空度 ················ 170
原子弹 ················ 171
中子弹 ················ 172
光电效应 ·············· 174
磁光效应 ·············· 174
拉曼效应 ·············· 176
光伏效应 ·············· 177
康普顿效应 ············ 177
丁达尔效应 ············ 178
波粒二象性 ············ 179
阿基米德 ·············· 180
伽利略·伽利雷 ········ 180
布莱士·帕斯卡 ········ 181
克里斯蒂安·惠更斯 ···· 181
艾萨克·牛顿 ·········· 182
亨利·卡文迪许 ········ 182
库仑 ·················· 183
安培 ·················· 184
乔治·西蒙·欧姆 ······ 184
迈克尔·法拉第 ········ 185
詹姆斯·克拉克·麦克斯韦 ··· 186
洛伦兹 ················ 187
阿尔伯特·爱因斯坦 ···· 188
史蒂芬·威廉·霍金 ···· 188

目录 CONTENTS

目录 CONTENTS

墨子	189
张衡	190
沈括	190
郭守敬	191
宋应星	192
吴有训	193
钱学森	193
吴健雄	194
钱三强	195
黄昆	196
杨振宁	197
邓稼先	198
李政道	198

W 物理故事
WU LI GU SHI

浮力定律的发现

| 善于观察思考的成果 |

阿基米德是古希腊最具有现代精神的伟大物理学家,浮力定律是由阿基米德发现的。阿基米德是古希腊杰出的数学和力学奠基人,自幼聪颖好学,是一位善于观察思考并重理论与实践相结合的科学家。他对待科学研究的态度是勇于革新、勇于创造而又严肃认真,曾在几何学、静力学以及机械的发明创造方面取得了巨大的成就。

浮力定律现在又称阿基米德定律。这一定律的发现和一个有趣的故事有关。有一次阿基米德在众目睽睽之下光着身子从澡堂里飞奔而出,欢呼雀跃,周围的人都不知究竟发生了什么事使这位大学者忘乎所以。原来叙拉古国王曾命令金匠做了一顶纯金的王冠,新王冠做得十分精巧,纤细的金线密密地织成了各种花样,而且也非常合适,国王十分高兴。但是转念一想:我给了工匠15两黄金,会不会被他们私吞几两呢?因此马上叫人拿秤来称,不多不少,正好是15两。但这时一个大臣站出来说:"重量一样并不等于黄金没有少,万一金匠在黄金中掺进了银子或其他的东西,重量可以不变,但王冠已不是纯金的了。"国王一听觉得很有道理,但有什么办法既不损坏王冠又能知道其中是否掺了银子呢?国王把这个难题交给了阿基米德。阿基米德好几天想不出什么好主意,废寝忘食,近乎痴迷,这时朋友劝他去洗个澡,放松放松。阿基米德在洗澡时突然注意到,当他坐到满满一盆水里去时,水从盆边溢到了盆外,他脑子里灵光一闪,猛地从澡盆里跳出,来不及穿上衣服就狂奔回家。他在家里做好了实验,来到国王面前,把盛满水的一个大盆放在一只大盘子里,又请国王拿出一块15两重

阿基米德

的黄金和两只一样大小的杯子。然后，阿基米德取过王冠，放在盆子里，水溢出来，阿基米德把溢出来的水都装进一只杯子里。然后用同样的方法把15两黄金溢出来的水装进另一只杯子里。最后他拿着两只杯子走到国王面前，说道："陛下，请您比较一下，这两只杯子里的水一样多吗？"国王一眼就看到一只多一只少。于是阿基米德肯定地说："王冠里一定掺了银或者其他的金属，它不是纯金的。"原来阿基米德利用了物质的密度、体积和质量的相互关系，同一物质的密度是固定的，即质量与体积之比是一个确定的数。这样，如果王冠是纯金的，它所排出的水应该与15两纯金所排出的水的体积一样，如果不一样，那么王冠里肯定掺了其他金属。这就是著名的浮力定律，为了纪念这位伟大的科学家，人们把浮力定律命名为阿基米德定律。不过，阿基米德的贡献并不限于回答了国王的疑问，今天，潜水艇的沉浮，气球和飞艇的飞行，制造巨型舰船，水中悬浮隧道……都离不开阿基米德原理。

潜水艇在军事上运用非常广泛，浸没在水中的潜水艇排开水的体积，无论下潜多深，始终不变，所以潜水艇所受的浮力始终不变。潜水艇的上浮和下沉是靠压缩空气调节水舱里水的多少来控制自身的重力而实现的。若要下沉，潜艇主压载水舱可以注满水，增加重量，抵消其储备浮力；若要上浮，可以用压缩空气把主压载水舱内的水排出，减小重量，恢复储备浮力。在潜水艇浮出海面的过程中，因为排开水的体积减小，所以浮力逐渐减小，当它在海面上行驶时，受到的浮力大小等于潜水艇的重力，它能够在海中灵活上浮和下沉。气球和飞艇里充的是密度小于空气的气体，热气球里充的是被燃烧器加热、体积膨胀、密度变小了的热空气。当球囊内的空气被加热，变轻产生浮力就可以升上天空，若要使充氦气或氢气的气球或飞艇降回地面，可以放出球内的一部分气体，使气球体积缩小，浮力减小，使 $F_浮 < G_球$；停止加热，热空气冷却，气球体积就会缩小，减小浮力，或者降回地面。钢铁制造的轮船，由于船体是空心的，使它排开水的体积增大，受到的浮力增大，这时船受到的浮力等于自身的重力，所以能浮在水面上，它是利用物体漂浮在液面的条件 $F_浮 = G_船$ 来工作的，只要船的重力不变，无论船在海里还是河里，它受到的浮力不变。根据阿基米德原理，船在海里和河里浸入水中的体积不同，轮船的大小通常用它的排水量来表示，所谓排水量就是指轮船在满载时排开水的质量。轮船满载时受到的浮力 $F_浮 = G_排$，所以轮船是漂浮在液面上的。

2007年，中国科学院力学研究所与意大利阿基米德桥公司的合作项目——世界首座阿基米德桥（即水中悬浮隧道）的样桥将在中国浙江省千岛湖建造。阿基米德桥学名为水中悬浮隧道，不过与隧道不同，阿基米德桥是借助于浮力浮于水中的；与一般的桥也不同，对于浮力大于重力的阿基米德桥，它和水底的连接方式与一般的桥相反。阿基米德桥是利用悬浮隧道技术，通过锚来固定的水下隧道。意大利阿基米德桥公司总裁埃利奥·马塔切纳博士说，阿基米德桥样桥的建设将成为内陆湖泊和海峡交通技术领域的一次革命。他说，中国科学院选定浙江千岛湖作为建设样桥地点，样桥长度为100米。样桥建造将为在浙江省金塘海峡设计和建造3300米长的水下悬浮隧道提供参考。阿基米德桥依据阿基米德浮力定律而建造，其横截面呈椭圆形或圆形，正中为公路，分为上下两层，单向行驶，两侧为铁路。其体积所产生的浮力足以使它浮在水中，因此需要用钢缆将其固定于水下，以免浮力过大而上升，影响海面船只航行。

阿基米德的著作《论浮体》成为水力学的奠基石。《论浮体》是古代第一部流体静力学著作，阿基米德因此而被尊为流体静力学的创始人。20世纪之前，《论浮体》只有莫贝克13世纪时的拉丁文译本，1906年，海伯格发现了羊皮纸上的希腊原文，但不完全。现传的本子是两种文字参照编成的。上卷的命题7给出著名的"阿基米德原理"：重于流体的固体，放在流体中，所减轻的重量，等于排去流体的重量。这个原理因和他解决王冠问题联系在一起而脍炙人口。下卷的10个命题详细地讨论了正回旋抛物体在流体中的稳定性，研究了不同的高与底的比、具有不同的比重及在流体中处于不同位置时这种立体的形态，在推理中运用了高度的计算技巧。

物理链接 WU LI LIAN JIE　**物理链接** WU LI LIAN JIE　**物理链接** WU LI LIA

阿基米德生平

阿基米德，古希腊著名的数学家、物理学家，静力学和流体静力学的奠基人，也是具有传奇色彩的人物。公元前287年，阿基米德诞生于西西里岛的叙拉古，他出身于贵族家庭，与叙拉古的赫农王有亲戚关系，他11岁时，借助与王室的关系，被送到古希腊文化中心亚历山大里亚城，亚历山大里亚位于尼罗河口，是当时文化贸易的中心之一，被世人誉为"智慧之都"。阿基米德在这里学习和生活了许多年，他在学习期间对数学、力学和天文学有着浓厚的兴趣。在他学习天文学时，发明了用水利推动的星球仪，并用它模拟太阳、行星和月亮的运行及演示日食和月食现象。为解决土地灌溉的难题，他发明了圆筒状的螺旋扬水器，后人称它为"阿基米德螺旋"。公元前240年，阿基米德回叙拉古，当了赫农王的顾问，帮助国王解决生产实践、军事技术和日常生活中的各种科学技术问题。公元前212年，古罗马军队攻陷叙拉古，阿基米德不幸被蛮横的罗马士兵杀死，终年75岁。阿基米德的遗体葬在西西里岛，墓碑上刻着一个圆柱内切球的图形，以纪念他在几何学上的卓越贡献。

物理故事·

安培与电学

| 电动力学的开创 |

安德烈·玛丽·安培，1775年1月22日生于法国里昂的一个富商家庭，1802年他在布尔让-布雷斯中央学校任物理学和化学教授，1808年被任命为法国帝国大学总学监，此后一直担任此职，1814年被选为帝国学院数学部成员，1819年主持巴黎大学哲学讲座，1824年担任法兰西学院实验物理学教授。

安培在物理学方面的主要贡献是对电磁学中的基本原理有重要发现，如安培定律、安培定则和分子电流等。1820年7月21日丹麦物理学家奥斯特发现了电流的磁效应。法国物理学界长期信奉库仑关于电和磁没有关系的信条，这个重大发现使他们受到极大的震动，以阿拉果、安培等为代表的法国物理学家迅速做出反应。8月末阿拉果在瑞士听到奥斯特成功的消息，立即赶回法国，9月11日就向法国科学院报告了奥斯特的实验细节，安培听了报告之后，第二天就重复了奥斯特的实验，并于9月18日向法国科学院报告了第一篇论文，提出了磁针转动方向和电流方向的关系服从右手螺旋定则，以后这个定则被命名为安培定则。9月25日安培向法国科学院报告了第二篇论文，提出了电流方向相同的两条平行载流导线互相吸引，电流方向相反的两条平行载流导线互相排斥。10月9日又向法国科学院报告了第三篇论文，阐述了各种形状的曲线载流导线之间的相互作用。后来，安培又做了许多实验，并运用高度的数学技巧于1826年总结出电流元之间作用力的定律，描述两电流元之间的相互作用同两个电流元的大小、间距以及相对取向之间的关系。12月4日安培向法国科学院报告了这个成果。后来人们把这个定律称为安培定律。安培并不满足于这些实验研究的成果。1821年1月，他提出了著名的分子电流假设，认为每个分子电流形成10个小磁体，这是形成物体宏观磁性的原

安 培

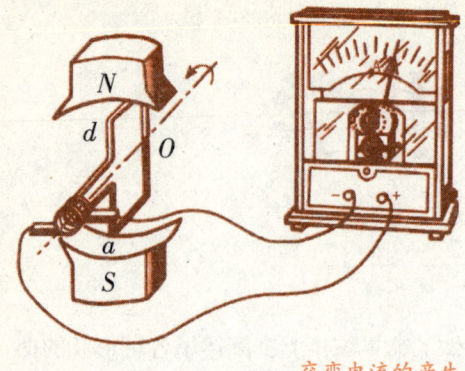

交变电流的产生

因。安培还对比了静力学和动力学的名称，第一个把研究动电的理论称为"电动力学"，并于1822年出版了《电动力学的观察汇编》。1827年，安培将他的电磁现象的研究综合在《电动力学现象的数学理论》一书中，这是电磁学史上一部重要的经典论著，对以后电磁学的发展起了深远的影响。此外，安培还发现，电流在线圈中流动的时候表现出来的磁性和磁铁相似，创制出第一个螺线管，在这个基础上发明了探测和量度电流的电流计。

安培根据磁是由运动的电荷产生的这一观点来说明地磁的成因和物质的磁性，提出了著名的分子电流假说。安培认为构成磁体的分子内部存在一种环形电流——分子电流。由于分子电流的存在，每个磁分子成为小磁体，两侧相当于两个磁极。通常情况下磁体分子的分子电流取向是杂乱无章的，它们产生的磁场互相抵消，对外不显磁性。当外界磁场作用后，分子电流的取向大致相同，分子间相邻的电流作用抵消，而表面部分未抵消，它们的效果显示出宏观磁性。安培的分子电流假说在当时物质结构的知识知甚少的情况下无法证实，它带有相当大的臆测成分；在今天已经了解到物质由分子组成，而分子由原子组成，原子中有绕核运动的电子，安培的分子电流假说有了实在的内容，已成为认识物质磁性的重要依据。

1836年，安培以大学总学监的身份外出巡视工作，不幸途中染上急性肺炎，医治无效，于6月10日在马赛去世，终年61岁。后人为了纪念安培，用他的名字来命名电流强度的单位，简称"安"。安的符号为A，定义为：在真空中相距为1米的两根无限长平行直导线，通以相等的恒定电流，当每根导线上所受作用力为$2×10^{-7}$N时，各导线上的电流为1安培。比安培小的电流可以用毫安、微安等单位表示。1安=1000毫安，1毫安=1000微安。在电池上常见的单位为mAH（毫安1小时），例如500mAH代表这节电池能够提供500mA×1h=1800C（库仑）的电子，亦即提供耗电量为500mA的电器使用1小时的电量。安培定则表示电流和电流激发磁场的磁感线方向间关系的定则，也叫右手螺旋定则。直线电流的安培定则用右手握住导线，让伸直的大拇指所指的方向跟电流的方向一致，那么弯曲的四指所指的方向就是磁感线的环绕方向。环形电流的安培定则让右手弯曲的四指和环形电流的方向一致，那么伸直的大拇指所指的方向就是环形电流中心轴线上磁感线的方向。直线电流的安培定则对一小段直线电流也适用。环形电流可看成许多小段直线电流组成，对每一小段直线电流用直线电流的安培定则判定出环形电流中心轴线上磁感强度的方向。叠加起来就得到环形电流中心轴线上磁感线的方向。直线电流的安培定则是基本的，环形电流的安培定则可由直线电流的安培定则导出，直线电

物理故事·

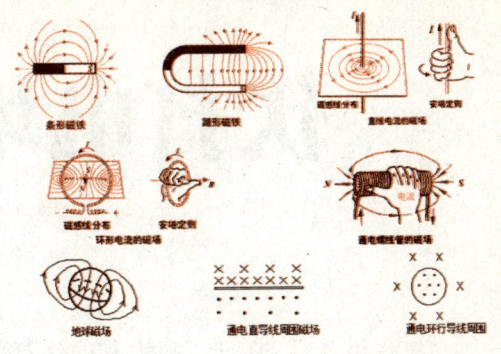

安培定则

流的安培定则对电荷做直线运动产生的磁场也适用,这时电流方向与正电荷运动方向相同,与负电荷运动方向相反。安培滴定法则是利用电解池中电流的变化指示滴定终点的电滴定分析方法,分为一个极化电极的安培滴定法和两个极化电极的安培滴定法。用滴汞电极为极化电极的一个极化电极的安培滴定法称为极谱滴定法。两个极化电极的安培滴定法称为死停终点法或双安培滴定法。

安培将他的研究综合在《电动力学现象的数学理论》一书中,成为电磁学史上一部重要的经典论著。麦克斯韦称赞安培的工作是"科学上最光辉的成就之一,还把安培誉为"电学中的牛顿"。安培还是发展测电技术的第一人,他用自动转动的磁针制成测量电流的仪器,以后经过改进称电流计。

安培在他的一生中,只有很短的时期从事物理工作,可是他却能以独特的、透彻的分析,论述带电导线的磁效应,因此我们称他是电动力学的先创者,他是当之无愧的。法国电气公司于1975年为纪念物理学家安培诞生200周年而设立由巴黎科学院每年授奖一次,奖励一位或几位在纯粹数学、应用数学或物理学领域中研究成果突出的法国科学家的奖项。

物理链接　WU LI LIAN JIE　物理链接　WU LI LIAN JIE　物理链接　WU LI LIA

安培的趣事轶事

安培思考科学问题专心致志,据说有一次,安培正慢慢地向他任教的学校走去,边走边思索着一个电学问题。经过塞纳河的时候,他随手拣起一块鹅卵石装进口袋。过一会儿,又从口袋里掏出来扔到河里。到学校后,他走进教室,习惯地掏怀表看时间,拿出来的却是一块鹅卵石。原来,怀表已被扔进了塞纳河。还有一次,安培在街上行走,走着走着,想出了一个电学问题的算式,正为没有地方运算而发愁。突然,他见到面前有一块"黑板",就拿出随身携带的粉笔,在上面运算起来。那"黑板"原来是一辆马车的车厢背面。马车走动了,他也跟着走,边走边写;马车越来越快,他就跑了起来,一心一意要完成他的推导,直到他实在追不上马车了才停下脚步。安培这个失常的行动,使街上的人笑得前仰后合。

伏打电堆的发明

| 电学发展新时代的开创 |

1800年3月20日,意大利的伏打教授发明了世界上第一个发电器——伏打电堆,也就是电池组,开创了电学发展的新时代。当时对于电已经有相当的认识(静电、导电、电的种类),加上对雷电的正确了解,尤其是避雷针的研制成功,消除了人们对雷电的畏惧,特别是蓄电装置的发现后,科学家开始思索如何能够有效地运用电。

说到伏打电池的发明还有一段有趣的故事。这要从电流的发现者伽伐尼说起,伽伐尼是伏打的好朋友,他是一名解剖学家和生物学家,他的妻子因健康原因要经常吃蛙腿。1780年的一天,伽伐尼把青蛙剥皮后,放在靠近起电机旁的桌子上。当他妻子偶然拿起电机旁的外科手术刀时,刀尖碰到了蛙腿外露的小腿神经,蛙腿抽动起来,好像活的一样。她把这件事告诉了伽伐尼。伽伐尼重复了这个试验,他把蛙腿放在玻璃板上,用两把叉子,一个叉尖是铜的,另一个叉尖是铁的,去碰蛙腿的神经和肌肉,每碰一下,蛙腿就引缩一次。为了探究这个现象的原因,伽伐尼选择了各种不同的条件,重复这个实验。开始,伽伐尼用铜丝把青蛙与铁窗相连,无论雨天还是晴天做实验,青蛙的腿都有痉挛的现象。接着,他只用铜丝去接触蛙腿,蛙腿却不发生痉挛。后来,他找了一间封闭的房间将青蛙放在铁板上,用铜丝去接触它,结果和以前一样,又发生了收缩,这就排除了外来电的可能性。伽伐尼选择不同的日子,不同的时间,用各种不同的金属多次重复,总是得到相同的结果,只是在使用某些金属时,收缩更强烈而已。后来他又用各种不同的物体来做这个实验,但用诸如玻璃、橡胶、松香、石头和干木头做这个实验时,都不出现这个现象。进一步的实验使伽伐尼认为蛙的神经中有电源,很可能是从神经到肌肉的特殊电流质引起的"动物电"。伽伐

伏打

物理故事·

尼的实验使许多科学家感到惊奇。伏打在1792～1796年重复伽伐尼的实验时发现，只要用两种不同金属互相接触，中间隔以湿的硬纸、皮革或其他海绵状的东西，不管有没有蛙腿，都有电流产生，从而否定了动物电的观点。伏打认识到蛙腿收缩只是放电过程的一种表现，两种不同金属的接触才是电流现象的真正原因。根据各种金属接触的实验结果，伏打列出了锌-铅-锡-铁-铜-银-金的次序，这就是著名的伏打序列。其中两种金属相接触时，位于序列前面的带正电、后面的带负电。

伏打电堆

伏打在伽伐尼实验的基础上，致力研究两种不同金属的接触。他得出了新的结论，认为两金属不仅仅是作导体，而且是由它们产生电流的。用伏打自己的话来说：金属是真正的电流激发者，而神经是被动的。伏打并把这种电流命名为"金属的"或"接触的"电流。伏打不仅发现两种不同金属接触时会发生电流效应，而且发现当金属浸入某些液体时，也会有同样的效应。伏打开始是用几只碗盛了盐水，把几对黄铜和锌做成的电极连接起来，就有电流产生。1800年，伏打在给伦敦皇家学会会长约瑟爵士的一封信中，宣布了一个重要的发现。他说："用30块、40块、60块或更多的铜片（最好是用银片）每一铜片都和一块锡片（最好是锌片）接触，并且用相同数目的水层或比纯水更好些的导电液体层，如食盐水、碱水等，或是浸透这些液体的纸壳或皮革……，在桌子上或台子上，水平地放一块金属片，例如银片，在这一片上我放上第二片，即锌片；在第二片上我放上了一张浸液片；然后放上另一块银片，紧接着是另一块锌片，上面放上一张浸液片。如此，我以同样的方式，总是在同一方向上，把银片和锌片合起来，那就是说总是银在下面锌在上面，或者相反，这要看我是怎样开始放的，在两对合起来的片子之间，都夹上一层浸液片。我如此继续下去，就形成了一个高到不致自己垮下来的圆柱。"伏打证明这个堆的一端带正电，另一端带负电，这就是伏打电堆，当时引起了极大的轰动。在伏打之前，人们只能应用摩擦发电机，运用旋转发电，再将电存放在莱顿瓶中，以供使用，这种方式相当麻烦，所得的电量也受限制。伏打电池的发明改进了这些缺点，使得电的取得变得非常方便，现在电气所带来的文明，伏打电池是一个重要的起步，他带动后续电气相关研究的蓬勃发展，后来利用电磁感应原理的电动机和发电机研发成功也得归功于它，而发电机之后电气文明的开始，导致第二次产业革命改变人类社会的结构。伏打电堆的发明，提供了产生恒定电流的电源——化学电源，使人们有可能从各个方面研究电流的各种效应。从此，电学

伏打电堆

伏打电池的发明，使得科学家可以用比较大的持续电流来进行各种电学研究，促使电学研究有一个巨大的进展。伏打的成就受到各界普遍赞赏，科学界用他的姓氏命名电势，电势差（电压）的单位，为"伏特"（就是伏打，音译演变的），简称"伏"。据说法国皇帝拿破仑一世1801年9月26日特地召伏打到巴黎，在一次专门的学术会议上伏打当众做了实验演示，亲临观看的拿破仑一世把一枚特制的金质奖章授予伏打，并封他为伯爵。

伏打于1769年发表《论电的吸引》。1775年发明起电盘。1776年发现沼气。1778年建立导体的电容 C、电荷 Q 及其张力 T（即电位差）之间的关系式：$Q=CT$。1787年发明灵敏的麦秸静电计。1776年发现沼气。他还发明了气体燃化计（可研究气体燃烧时容积变化）等。

进入了一个飞速发展的时期——电流和电磁效应的新时期。直到现在，我们用的干电池就是经过改进后的伏打电池。干电池中用氯化铵的糊状物代替了盐水，用石墨棒代替了铜板作为电池的正极，而外壳仍然用锌皮作为电池的负极。

物理链接 WU LI LIAN JIE **物理链接** WU LI LIAN JIE **物理链接** WU LI LIA

青蛙腿的启示

意大利波洛尼亚大学的解剖学教授贾法尼经常利用电击研究生物反应，1780年秋天他无意间发现，即使在没通电源的情况下，剥下来的青蛙腿也会发生痉挛的现象，后来经过十年的研究，在1791年发表成果。他一直认为这是一种由动物本身的生理现象所产生的电，称为动物电，因此开发了一支新的科学电生理学的研究。同时也带动了电流研究的开始，促使电池的发明。关于这次意外地发现说法如下：一次寻常的闪电，使贾法尼解剖室台上的起电机发生电气火花的同时，放在桌子上与钳子和镊子环连接触的一只青蛙腿发生痉挛的现象，而此时起电机与青蛙腿之间并无导体连接。接着他把青蛙腿的一只脚吊高，再用黄铜钩刺在脊髓上，并使其接触银制的台板，让另一只脚可以在台板上方自由活动，当它碰到银台时，脚的肌肉收缩而离开台板，但是离开台板后即又再度伸长碰到银台，如此反复摇摆。如果将钩与台改换成同一种金属，就看不到这种现象。

物理故事·

电的探索发现

科学终将战胜愚昧

富兰克林1706年1月27日生于波士顿一个工人家庭,由于家庭贫寒,10岁便辍学回家做工,12岁起在印刷所当学徒、帮工,但他刻苦好学,在掌握印刷技术之余,还广泛阅读文学、历史、哲学方面的著作,自学数学和4门外语,潜心练习写作。他说:"读书是我唯一的娱乐。"他常常在做完一天的工作后,到印刷厂的图书室阅读各种各样的书籍。有时看得入迷,直到夜幕降临,焦急的母亲来工厂找他,他才回家。所有这一切为他在一生中取得多方面的成就打下了坚实的基础。

1746年,一位英国学者在波士顿利用玻璃管和莱顿瓶表演了电学实验,富兰克林怀着极大的兴趣观看了他的表演,并被电学这一刚刚兴起的科学强烈地吸引住了,心中激起了探求欲望,他买下了全部展品,他在伦敦英国皇家学会结识的朋友柯林森得知后,又给他寄来了大批书籍、电学著作和某些摩擦起电的设备。富兰克林和费城哲学会的朋友们一起进行了许多电学实验和理论探索,研究了两种电荷的性能,说明了电的来源和在物质中存在的现象。

18世纪以前,人们还不能正确地认识雷电到底是什么。当时人们普遍相信雷电是上帝发怒的说法。一些不信上帝的有识之士曾试图解释雷电的起因,但从未获得成功,学术界比较流行的观点是认为雷电是"气体爆炸"的现象。在一次试验中,富兰克林的妻子丽德不小心碰到了莱顿瓶,一团电火闪过,丽德被击中倒地,面色惨白,足足在家躺了一个星期才恢复健康。这虽然是试验中的一起意外事件,但思维敏捷的富兰克林却由此而想到了空中的雷电。他经过反复思考,断定雷电也是一种放电现象,它和在实验室产生的电在本质上是一样的。于是,他写了一篇名叫《论天空闪电和我们的电气相同》的论文,并送给

风筝实验

富兰克林与儿子做风筝实验

了英国皇家学会。但富兰克林的伟大设想遭到了许多人的嘲笑，有人甚至嗤笑他是"想把上帝和雷电分家的狂人"。富兰克林决心用事实来证明一切。1752年6月的一天，阴云密布，电闪雷鸣，一场暴风雨就要来临了。富兰克林和他的儿子威廉一起，带着装有一个金属杆的风筝来到一个空旷地带。富兰克林高高举起风筝，他的儿子则拉着风筝线飞跑。由于风大，风筝很快就被放上了高空。刹那，雷电交加，大雨倾盆。富兰克林和他的儿子一起拉着风筝线，父子俩焦急的期待着，此时，刚好一道闪电从风筝上掠过，富兰克林用手靠近风筝上的铁丝，立即掠过一阵恐怖的麻木感。他抑制不住内心的激动，大声呼喊："威廉，我被电击了！"随后，他又将风筝线上的电引入莱顿瓶中。回到家里以后，富兰克林用雷电进行了各种电学实验，证明了天上的雷电与人工摩擦产生的电具有完全相同的性质。富兰克林提出的关于天上和人间的电是同一种东西的假说，在他自己的这次实验中得到了光辉的证实。风筝实验的成功使富兰克林在全世界科学界的名声大振。英国皇家学会给他送来了金质奖章，聘请他担任皇家学会的会员。他的科学著作也被译成了多种语言。他的电学研究取得了初步的胜利。然而，在荣誉和胜利面前，富兰林没有停止对电学的进一步研究。1753年，俄国著名电学家利赫曼为了验证富兰克林的实验，不幸被雷电击死，这是做电实验的第一个牺牲者。血的代价，使许多人对雷电试验产生了戒心和恐惧，但富兰克林在死亡的威胁面前没有退缩，经过多次试验，他制成了一根实用的避雷针。他把几米长的铁杆，用绝缘材料固定在屋顶，杆上紧拴着一根粗导线，一直通到地里。当雷电袭击房子的时候，它就沿着金属杆通过导线直达大地，房屋建筑完好无损。1754年，避雷针开始应用，但有些人认为这是个不祥的东西，违反天意会带来旱灾，就在夜里偷偷地把避雷针拆了。然而，科学终将战胜愚昧。一场挟有雷电的狂风过后，大教堂着火了，而装有避雷针的高层房屋却平安无事。事实教育了人们，使人们相信了科学。1752年富兰克林的论文集《电学实验与研究》出版，特别是风筝实验的报告轰动了欧洲，使人们看到电学是一门有广大前景的科学，避雷针也成了人类破除迷信征服自然的一项重要技术成果，推动了电学、电工学的发展。避雷针相继传到英国、德国、法国，最后普及世界各地。

富兰克林曾把多个莱顿瓶连接起来，储存更多电荷，他用实验证明莱顿瓶内外金属箔所带电荷数量相等，电性相反。1747年5月25日他在给柯林森的信中，提出了电的单流质理论，并用数学上的正负来表示多余或缺少这种电流质。他还认为摩擦起电只是使电荷转移而不是创生，所生电荷的正负必须严格相等——这个思想后来发展为电学中的基

物理故事

本定律之———电荷守恒定律,他利用这一理论说明了带介质的电容器原理。

富兰克林对科学的贡献不仅在静电学方面,他的研究范围极其广泛。在热学中,他改良了取暖的炉子,可以节省3/4燃料,被称为"富兰克林炉";在光学方面,他发明了老年人用的双焦距眼镜,戴上这种眼镜既可以看清近处的东西,也可看清远处的东西。他和剑桥大学的哈特莱共同利用醚的蒸发得到-25℃的低温,创造了蒸发制冷的理论。此外,他对气象、地质、声学及海洋航行等方面都有研究,并取得了不少成就。在大气电学方面揭示了雷电现象的本质,被誉为"第二个普罗米修斯"。

富兰克林

物理链接

富兰克林逝世

富兰克林人生的最后一个冬天是在亲人环护中度过的。1790年4月17日,晚上11点,富兰克林溘然逝世。那时,他的孙子谭波尔和本杰明正陪在他的身边。4月21日,费城人民为他举行了葬礼,两万多人参加了出殡队伍,为富兰克林的逝世服丧一个月以示哀悼。富兰克林就这样走完了他人生路上的84度春秋,静静地躺在教堂院子里的墓穴中,第一块墓碑立于富兰克林逝世时,碑文是:印刷工本杰明·富兰克林。第二块墓碑是群众在他逝后立的,碑文是:"从苍天处取得闪电,从暴君处取得民权"。两句碑文概括了他一生中的两件辉煌的事业。

杠杆原理的发现探知

"给我一个支点我就能举起地球"

公元前1500年前左右的埃及，就有人用杠杆来抬起重物，不过人们不知道它的道理。阿基米德潜心研究了这个现象并发现了杠杆原理。

在阿基米德发现杠杆原理之前，埃及人用杠杆抬起重物是没有人能够解释的。当时，有的哲学家在谈到这个问题的时候，一口咬定说，这是"魔性"。阿基米德却不承认是什么"魔性"。阿基米德确立了杠杆定律后，就推断说，只要能够取得适当的杠杆长度，任何重量都可以用很小的力量举起来。据说他曾经说过这样的豪言壮语："给我一个支点我就能举起地球"叙拉古国王听说后，对阿基米德说："凭着宙斯起誓，你说的事真是奇怪，阿基米德！"阿基米德向国王解释了杠杆的特性以后，国王说："到哪里去找一个支点，把地球撬起来呢？""这样的支点是没有的。"阿基米德回答说。"那么，要叫人相信力学的神力就不可能了？"国王说。"不，不，你误会了，陛下，我能够给你举出别的例子。"阿基米德说。国王说："你太吹牛了！你且替我推动一个重的东西，看你讲的话怎样。"当时国王正有一个困难的问题，就是他替埃及国王造了一艘很大的船。船造好后，动员了叙拉古全城的人，也没法把它推下水。阿基米德说："好吧，我替你来推这一只船吧。"阿基米德离开国王后，就利用杠杆和滑轮的原理，设计、制造了一套巧妙的机械。把一切都准备好后，阿基米德请国王来观看大船下水。他把一根粗绳的末端交给国王，让国王轻轻拉一下。顿时，那艘大船慢慢移动起来，顺利地滑下了水里，国王和大臣们看到这样的奇迹，好像看耍魔术一样，惊奇不已！于是，国王信服了阿基米德，并向全国发出布告："从此以后，无论阿基米德讲什么，都要相信他……"

杠杆原理也称"杠杆平衡条件"。要使杠杆平衡，作用在杠杆上的两个力（用力点、支点和阻力点）的大小跟它们的力臂成反比。动力×动力臂=阻力×阻力臂，用代数式表示为 $F_1 \times L_1 = F_2 \times L_2$。从上式可看出，欲使杠杆达到平衡，动力臂是阻力臂的几倍，动力就是阻力的几分之一。阿

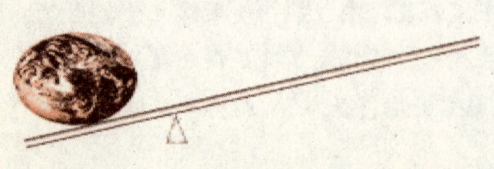

杠杆原理

物理故事

基米德在《论平面图形的平衡》一书中最早提出了杠杆原理。他首先把杠杆实际应用中的一些经验知识当作"不证自明的公理"，然后从这些公理出发，运用几何学通过严密的逻辑论证，得出了杠杆原理。即"二重物平衡时，它们离支点的距离与重成反比。"这些公理是：(1)在无重量的杆的两端离支点相等的距离处挂上相等的重量，它们将平衡；(2)在无重量的杆的两端离支点相等的距离处挂上不相等的重量，重的一端将下倾；(3)在无重量的杆的两端离支点不相等距离处挂上相等重量，距离远的一端将下倾；(4)一个重物的作用可以用几个均匀分布的重物的作用来代替，只要重心的位置保持不变。相反，几个均匀分布的重物可以用一个悬挂在它们的重心处的重物来代替；似图形的重心以相似的方式分布……

阿基米德对杠杆的研究不仅仅停留在理论方面，而且据此原理还进行了一系列的发明创造。地中海沿岸的罗马王朝与迦太基强国常年征战不断。叙拉古则是个夹在迦、罗两个强国中的城邦小国，在这种长期的战争风云中，常常随着两个强国的胜负而弃弱附强，飘忽不定。在一次战争中阿基米德制造了一些特大的弩弓——发石机。只要将弩上转轴的摇柄用力扳动，那与摇柄相连的牛筋又拉紧许多根牛筋组成的粗弓弦，拉到最紧时，再突然一放，弓弦就带动载石装置，把石头高高地抛出城外，可落到1000多米远的地方。原来这杠杆原理并不是简单使用一根直棍撬东西，比如水井上的辘轳，它的支点是辘轳的轴心，重臂是辘轳的半径，它的力臂是摇柄，摇柄一定要比辘轳的半径长，打起水来就很省力，阿基米德的发石机也是运用这个原理。罗马人哪里知道叙拉古城有这新玩意儿，只听见城里隐约传来吱吱呀呀的响声，接着城头上就飞出大大小小的石块，开始时大小如碗如拳一般，以后越来越大，简直有如锅盆，山洪般地倾泻下来，石头落在敌人阵中，士兵们连忙举盾护体，谁知石头又重，速度又急，一下子连盾带人都砸成一团肉泥。罗马人渐渐支持不住了，连滚带爬地逃命，这时叙拉古的城头又射出了密集的利箭，罗马人的背后无盾牌和铁甲抵挡，那利箭直穿背股，哭天喊地，好不凄惨。

就在马赛拉斯刚被打败不久，海军统帅古劳狄乌斯也派人送来了战报。原来，当陆军从西北攻城时，罗马海军从东南海面上也发动了攻势，罗马海军原来并不十分厉害，后来发明了一种舷钩装在船上，遇到敌舰时钩住对方，士兵们再跃上敌舰，变海战为陆战，占一定的优势，今天克劳狄乌斯为了对付叙拉古还特意将兵舰包上了一层铁甲，准备了云梯，并号令士兵，只许前进，不许后退，奇怪的是，这天叙拉古的城头却分外安静，墙的后面看不到一卒一兵，只是远远望见几副木头架子立在城头。当罗马战船开到城下，士兵们拿着云梯正要往墙上搭的时候，突然那些木架上垂下来一条条铁链，链头上有铁钩、铁爪，钩住了罗马海军的战船，任水兵们怎样使劲划桨都徒劳无功，那战船再也不能挪动半步，他们用刀砍，用火烧，大铁链分毫无损，正当船上一片惊慌时，只见大木架上的木轮又"嘎嘎"地转动起来，接着铁链越拉越紧，船渐渐地被吊起离开了水面，随着船身的倾斜，士兵们纷纷掉进了海里，桅杆也被折断了，船身被吊到半空中，这个大木架还会左右转动，于是那一艘艘战舰就像荡秋千一样在空中摇荡，然后有的被摔到城墙上或礁石上，成了堆碎片；有的被吊过城墙，成了叙拉古人的战利品。这时叙拉古的城头上还是静悄悄的，没有人射箭，也没有人呐喊，好像是座空城，只有那几副怪物似的木架，不时伸下一个个大钩钩走一艘艘战船，罗马人看着这"嘎嘎"作响的怪物，吓得全身哆嗦，手腿发软，只听到海面上一片哭喊声和落水碰石后的呼救声。

克劳狄乌斯在战报中说："我们根本看不见敌人，就像在和一只木桶打仗。"阿基米德的这些"怪物"原来也是利用了杠杆原理，并加了滑轮。经过这场大战，罗马人损兵折将，还白白丢了许多武器和战船，可是却连阿基米德的面都没见到。在保卫叙拉古免受罗马海军袭击的战斗中，阿基米德利用杠杆原理制造了远、近距离的投石器，利用它射出各种飞弹和巨石攻击敌人，曾把罗马人阻于叙拉古城外达3年之久。

物理链接 WU LI LIAN JIE **物理链接** WU LI LIAN JIE **物理链接** WU LI LIA

我国关于杠杆的最早记载

我国历史上也早有关于杠杆的记载。战国时代的墨子曾经总结过这方面的规律，在《墨经》中就有两条专门记载杠杆原理的。一条说："衡木，加重焉而不挠，极胜重也；右校交绳，无加焉而挠，极不胜重也。"意思是说：在横杆的一端加上重物而不致发生偏转（"挠"），那一定是预先固定有石块的一端（即"极"）的转矩，足以胜任重物一端的转矩。此时如果把支点（"交绳"）移近"极"端，即不必另加重物也可以使杠杆偏转，这时是"极"的转矩不能胜任重物的转矩。另外一条是专门从杠杆原理讨论天平与杆秤的。条文是这样的："衡木：加重于其一旁必捶——重相若也。相衡：则本短标长，两加焉，重相若，则标必下——标得权也。"这段文字上半是说天平的，意思是：天平横梁的一臂加重物，另一臂必得加砝码（"必捶"），两者必须一样重，才能平衡。下半是说杆秤的，意思是说：杆秤的提纽到重物的一臂（"本"）比较短，提纽到秤锤的臂（"标"）比较长，如果两边等重，秤锤一过必下落。为什么呢？因为称锤对"标"一边的作用过大了，这两条规律对杠杆的平衡说得很全面。里面有等臂的，有不等臂的；有改变两端重量使它偏动的，也有改变两臂长度使它偏动的。这样的记载，在世界物理学史上也是非常有价值的，而且墨子的发现比阿基米德早了约200年。

物理故事·

惯性与相对性原理
| 近代科学的起点 |

力学定律在一切惯性参考系中具有相同的形式,任何力学实验都不能区分静止和匀速运动的惯性参考系,这就是伽利略相对性原理。该原理最早由伽利略提出,是经典力学的基本原理。经典物理学是从否定亚里士多德的时空观开始的。当时曾有过一场激烈的争论。赞成哥白尼学说的人主张地球在运动,维护亚里士多德—托勒密体系的人则主张地静说。地静派有一条反对地动说的强硬理由:如果地球是在高速地运动,为什么在地面上的人一点也感觉不出来呢?这的确是不能回避的一个问题。

1632年,伽利略出版了他的名著《关于托勒密和哥白尼两大世界体系的对话》。它是作为捍卫日心说的基本论点而提出来的。书中那位地动派的"萨尔维蒂"对上述问题给了一个彻底的回答。他说:把你和一些朋友关在一条大船甲板下的主舱里,让你们带着几只苍蝇、蝴蝶和其他小飞虫,舱内放一只大水碗,其中有几条鱼。然后,挂上一个水瓶,让水一滴一滴地滴到下面的一个宽口罐里。船停着不动时,你留神观察,小虫都以等速向舱内各方向飞行,鱼向各个方向随便游动,水滴滴进下面的罐中,你把任何东西扔给你的朋友时,只要距离相等,向这一方向不必比另一方向用更多的力。你双脚齐跳,无论向哪个方向跳过的距离都相等。然后再使船以任何速度前进,只要运动是匀速,也不忽左忽右地摆动,你将发现。所有上述现象丝毫没有变化。你也无法从其中任何一个现象来确定,船是在运动还是静止不动。即使船运动得相当快,在跳跃时,你将和以前一样,在船底板上跳过相同的距离,你跳向船尾也不会比跳向船头远。虽然你跳到空中时,脚下的船底板向着你跳的相反方向移动。你把不论什么东西扔给你的同伴时,不论他是在船头还是在船尾,只要你自己站在对面,你也并不需要用更多的力。水滴将像先

运动的物体存在惯性

伽利略用物理学原理为哥白尼地动学说进行辩解

前一样,滴进下面的罐子,一滴也不会滴向船尾。虽然水滴在空中时,船已行驶了许多柞。鱼在水中游向水碗前部所用的力并不比游向水碗后部的大;它们一样悠闲地游向放在水碗边缘任何地方的食饵。最后,蝴蝶和苍蝇继续随便地到处飞行。它们也决不会向船尾集中,并不因为它们可能长时间留在空中,脱离开了船的运动,为赶上船的运动而显出累的样子。萨尔维阿蒂的大船道出了一条极为重要的真理,即:从船中发生的任何一种现象,你是无法判断船究竟是在运动还是在静止不动。现在称这个论断为伽利略相对性原理。用现代的语言来说,萨尔维阿蒂的大船就是一种所谓惯性参考系。就是说,以不同的匀速运动着而又不忽左忽右摆动的船都是惯性参考系。在一个惯性系中能看到的种种现象,在另一个惯性参考系中必定也能无任何差别地看到。亦即,所有惯性参考系都是平权的、等价的。我们不可能判断哪个惯性参考系是处于绝对静止状态,哪一个又是绝对运动的。

牛顿运动定律能够适用的参考系,称为惯性参考系。人们通过观察和研究发现,如果牛顿运动定律在某一参照系中成立,那么在任一相对于该参照系做匀速直线运动的参考系也同样适用。这就是说,在一切彼此做匀速直线运动的惯性系中,力学规律来说是完全等价的,或者说,在一个惯性系的内部做任何力学实验都不能够确定这一惯性系本身是在静止状态,还是在做匀速直线运动。这个原理即是力学的相对性原理,或伽利略相对性原理。根据亚里士多德的物理学,保持物体以匀速运动的是力的持久作用。但是伽利略的实验结果证明物体在引力的持久影响下并不以匀速运动,而是相反的每次经过一定时间之后,在速度上就有所增加。物体在任何一点上都继续保有其速度并且被引力加剧。如果引力能够截断,物体将仍旧以它在那一点上所获得的速度继续运动下去。伽利略在金属球在斜面滚动的实验中观察到,金属球以匀速继续滚过一片光滑的平桌面。从以上这些观察结果就得到了惯性原理。这个原理阐明物体只要不受到外力的作用,就会保持其原来的静止状态或匀速运动状态不变。

伽利略的惯性原理是近代科学的起点,它摧毁了反对哥白尼的所谓缺乏地球运动的直接证据的借口。伽利略相对性原理在经典力学中,伽利略相对性原理是与伽利略变换相吻合的。设参照系 S 中测得某质点的加速度是 a,而参照系 S' 中测得该质点的加速度是 a',根据伽利略变换不难得到,同时在牛顿力学的范围内,力和质量都与参照系无关,即 $F=F'$,$m=m'$,所以也就是说,牛顿第二定律的表达式在伽利略变换下保持不变。伽利略相对性原理不仅从根本上否定了地静派对地动说的非难,而且也否定了绝对空间观念（至少在惯性运动范围内）。所以，在从经典力学到相对论的过渡中，许多经典力学的观念都要加以改变，唯独伽利略相对性原理却不仅不需要加以任何修正，而且成了狭义相对论的两条基本原理之一。

当你学过"参照物"知识后，不难理解，所谓运动和静止都是相对的，是相对于认为不动的参照物来说的。例如你坐在家中，相对于地球来说你是静止的，而相对于太阳或银河系来说，你又是运动的。电视、电影中正是利用了运动的相对性原理，拍摄出了孙悟空的"腾云驾雾"，武艺"高强"的人"飞檐走壁"以及飞行的飞机和奔驰的火车等镜头，例如：拍孙悟空"驾云飞奔"是先拍摄出孙悟空在"云朵"（布景）上的镜头，再拍摄出天空上的白云，地上的山河湖泊等镜头，然后将两组画面放到"特技机"里叠合，叠合时迅速地移动作为背景的白云和山河湖泊。我们看电视是以白云和山河湖泊作参照物，于是就产生了孙悟空腾云驾雾飞奔的效果。

伽利略

奇妙的参照物

在研究机械运动时，人们事先选定的、假设不动的，作为基准的物体叫做参照物。一个物体，不论是运动还是静止，都是相对于某个参照物而言的。对于参照物的认识要注意以下两点：（一）物体是在运动还是静止，要看是以另外的哪个物体作标准。这个被选作标准的物体就是参照物。（二）判断一个物体是运动的还是静止的，要看这个物体与所选参照物之间是否有位置变化。若位置有变化，则物体相对于参照物是运动的；若位置没有变化，则物体相对于参照物是静止的。

光的折射

| 给人以错觉的折射 |

光从一种透明均匀物质斜射到另一种透明物质中时，传播方向发生改变的现象叫做光的折射。折射规律为传播速度越快，偏角越大。入射光线、法线、折射光线在同一平面内，折射光线和入射光线分别位于法线两侧，当光线垂直入射时，折射光线、法线和入射光线在同一直线上。

当光线从光疏介质射入光密介质时，入射角增大，折射角也增大，入射角大于折射角；当光线从光密介质射入光疏价质时，则入射角小于折射角。光线垂直入射时，传播方向不变，但光速改变。

在光的折射中，光路是可逆的。不同介质对光的折射能力是不同的。光在同一种物质（或均匀介质）中沿着直线传播。光在不同介质中传播的速度不同，在真空中传播速度最大。光从一种透明均匀物质斜射到另一种透明物质中时，折射的程度与后者的折射率有关。放射的光线与入射光线在镜面同一面，折射的在不同面波穿过不同的介质的时候传播方向会发生变化就是折射。光从空气斜射入水中或其他介质时，折射光线向法线方向偏折。鱼儿在清澈的水里面游动，可以看得很清楚。然而，沿着你看见鱼的方向去叉它，却叉不到。有经验的渔民都知道，只有瞄准鱼的下方才能把鱼叉到。鱼叉叉向的是鱼的实像。而若使用激光枪射鱼，要瞄准所看到的像，因为光线在水中也会发生折射。从空气中看水、玻璃等透明介质中的物体，会感到物体的位置比实际位置高一些，这是光的折射现象引起的。由于光的折射，池水看起来比实际的浅，所以，当你站在岸边，看见清澈见底，深不过齐腰的水时，千万不要贸然下去，以免因为对水深估计不足，惊慌失措，发生危险。

彩虹是阳光以一定的角度照射在水滴上发生折射和反射而形成的。雨后的天空中布满了小水滴，这是一种天然的

光的折射现象

三棱镜。阳光透过水滴时，由于折射和反射作用，被分解成七色光，只要太阳角度适当，就能看到美丽的弧形彩带。如果空气干燥，或者天空中只有微小的水滴，那就不会形成彩虹。一般来说，水滴越大，虹带越窄，色彩越鲜明；反之，水滴越小，虹带越宽，色彩就暗淡。有时，我们可以看到天空有两条彩虹：一条叫主虹，色彩鲜艳，里面是紫色，外面是红色；另一条叫副虹（又叫霓），里面是红色，外面是紫色，虹色较淡。这种现象是由于阳光透过水滴时，发生两次折射和反射的缘故。我们见到的彩虹都是弯曲的，而没有笔直的。就连峨眉山山顶的"佛光"也是圆形的，这是为什么呢？原因之一是光的波长决定光的弯曲程度，天空中所有的小水滴都排列在一个圆周上。圆周上的水滴与太阳、人眼的相对位置都相同时，从这些水滴里折射出的彩色光线，才能投射到人眼里。当这些水滴所产生的彩色光线合在一起时，人们才可以看到一条五彩缤纷的光带。原本光是笔直行进的，但它也具有一旦进入水中就会折射的性质。因此太阳光在通过雨的颗粒时就会折射。不同颜色的光，在水滴上折射的程度是各不相同的。光穿越水滴时弯曲的程度，视光的波长（即颜色）而定。红色光的弯曲度最大，橙色光与黄色光次之，依此类推，弯曲最少的是紫色光。每种颜色各有特定的弯曲角度，阳光中的红色光的折射角度是42°，蓝色光的折射角度只有40°，所以每种颜色在天空中出现的位置都不同。由于光折射的角度因颜色而各异，所以七种颜色会以各自不同的角度折射，从而很漂亮地排列起来。

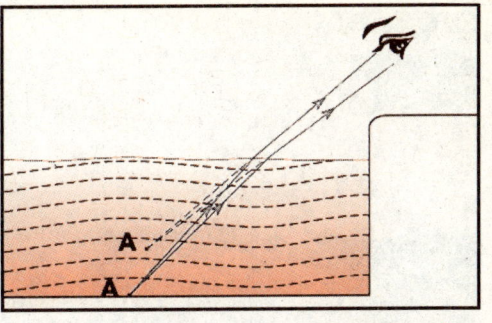

光的折射现象

因为彩虹呈现与太阳方向相反的天空，所以想在雨后看彩虹时就要背对着太阳。原因之二是与地球的形状有很大的关系，由于地球表面是一个曲面并且被厚厚的大气所覆盖，雨后空气中的水含量比平时高，当阳光照射入空气中的小水滴时就形成了折射。同时由于地球表面的大气层为弧面，从而导致了阳光在表面折射形成了我们所见到的弧形彩虹。

在自然界中有许多晶体是存在双折射现象的，比如方解石、云母、冰等。就拿方解石为例，将方解石放在有一小黑点的纸面上，从上方透过方解石会看到有两个像点，它们视位均有所提高，而且提高程度不同。让方解石在纸面上转动，还可以看到一个像点绕另一个像点转动。这说明射到方解石上的一条光线会在其中产生两条折射线。像这样一束光进入晶体后产生两束折射光的现象称为双折射现象。此外在对各种入射方向进行研究时，发现方解石中存在一个特殊方向，当光沿该方向传播时不发生双折射，晶体内的这个特殊方向称为晶体的光轴。进一步对沿各种方向入射时的两束折射光进行研究后发现：在晶体内的两束折射光中，其中一束总是遵从折射定律，这束光称为寻常光，简称O

彩 虹

光。另一束光在一般情况下，不但不与入射角在一个平面内，而且入射角和折射角的正弦之比也不是常数，它的折射角以及折射角所在平面与入射角所在平面之间的夹角，取决于入射光线的入射角和晶面的取向，这束光称为非常光，简称 E 光。E 光在晶体内以不同方向传播时其速度也不同，沿光轴方向传播的 E 光和 O 光速度相等，均用 U_o 表示，在垂直于光轴的方向上 E 光速度用 U_e 表示，它与 U_o 只差最大，沿其他方向传播的 E 光速度介于 U_o 与 U_e 之间。在石英等晶体中 $U_e<U_o$，这类晶体为正晶体，在方解石等晶体中 $U_e>U_o$，这类晶体为负晶体。

光导纤维的制造就是运用光的折射，光从折射率大的介质（芯线）射向折射率小的介质（包层）的界面时，光在界面处全部被反射回原介质（芯线）中。故光波束从弯曲的光导纤维一端进入芯线后，在芯线与包层的界面上做多次全反射而曲折前进。由于光折射率小的外包层使光线只能在芯线介质内传播，故无论光纤怎样弯曲，光线（或光波）总不会泄漏出去，就像水被限制在水管中流动而漏不出去那样。

物理链接 WU LI LIAN JIE 物理链接 WU LI LIAN JIE 物理链接 WU LI LIA

光的折射与海市蜃楼

海市蜃楼经常发生在沿海，在沙漠偶尔也可见到。人们可以看到房屋、人、山、森林等景物，并且可以运动，栩栩如生。有人认为是人间仙境。现在，人们把海市蜃楼说成是大气折射的结果，把远处的景物折射到近处来了。海市蜃楼也经常发生在雨后，这时的空气湿度较大，也易形成透镜系统。当近地面的气温剧烈变化，会引起大气密度很大的差异，远方的景物，在光线传播时发生异常折射和全反射，从而造成蜃景。海市蜃楼是近地面层气温变化大，空气密度随高度强烈变化，光线在方向密度不同的气层中，经过折射进入观测者眼帘造成的结果。常分为上现、下现和侧现海市蜃楼。

物理故事·

光量子理论的提出
| 奠定量子力学建立的基础 |

光量子理论，是爱因斯坦于1905年受到德国物理学家普朗克的启发提出的。他认为在空间传播的光也不是连续的，而是一份一份的，每一份叫一个光量子，简称光子，光子的能量E跟光的频率V成正比，即$E=HV$，这个学说后来就叫光量子假说。

19世纪时，在大多数理论中，光被描述成由无数微小粒子组成的物质。由于微粒说不能较为容易地解释光的折射、衍射和双折射等现象，胡克和惠更斯等人提出了光的（机械）波动理论；但在当时由于牛顿的权威影响力，光的微粒说仍占有主导地位。19世纪初，托马斯·杨和菲涅尔的实验清晰地证实了光的干涉和衍射特性。到1850年左右，光的波动理论已经完全被学术界接受。1865年，麦克斯韦的理论预言光是一种电磁波，证实电磁波存在的实验由赫兹在1888年完成，这似乎标志着光的微粒说的彻底终结。然而，麦克斯韦理论下的光的电磁说并不能解释光的所有性质。与此同时，由众多物理学家进行的对于黑体辐射长达40多年（1860～1900年）的研究因普朗克建立的假说而得到终结，普朗克提出任何系统发射或吸收频率为V的电磁波的能量总是$E=hv$的整数倍。普朗克的量子假说提出后的几年内，并未引起人们的兴趣，爱因斯坦却看到了它的重要性。他赞成能量子假说，并从中得到了重要启示：在现有的物理理论中，物体是由一个一个原子组成的，是不连续的，而光（电磁波）却是连续的。爱因斯坦由此提出的光量子假说则能够成功对光电效应做出解释，爱因斯坦因此获得1921年的诺贝尔物理学奖。爱因斯坦的理论先进性在于，麦克斯韦的经典电磁理论中电磁场的能量是连续的，能够具有任意大小的值，而由于物质发射或吸收电磁波的能量是量子化的，这

爱因斯坦

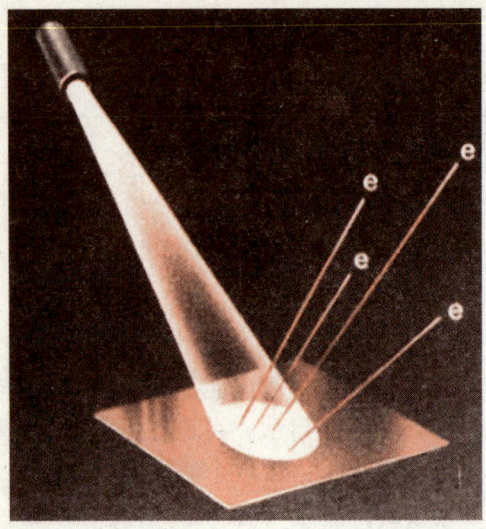

光电效应

使得很多物理学家试图去寻找是怎样一种存在于物质中的约束限制了电磁波的能量只能为量子化的值;而爱因斯坦则开创性地提出电磁场的能量本身就是量子化的。爱因斯坦并没有质疑麦克斯韦理论的正确性,但他也指出如果将麦克斯韦理论中的经典光波场的能量集中到一个个运动互不影响的光量子上,很多类似于光电效应的实验能够被很好地解释。1909 年和 1916 年,爱因斯坦指出如果普朗克的黑体辐射定律成立,则电磁波的量子必须具有 $p=h/\lambda$ 的动量,以赋予它们完美的粒子性。

1905 年,爱因斯坦发表了论文《关于光的产生和转化的一个启发性观点》,成功的解释了光电效应并确定了它的规律。他以勒纳利总结出的光电效应性质作为光是微粒的根据,并且和德国物理学家普朗克的量子假设结合起来,提出了量子假说。他不满足普朗克把能量子的不连续性局限在辐射的发射和吸收过程中,而是认为即使在光的传播过程中能量也是不连续的。普朗克将它的振子当作以量子 $h\nu$ 的形式发射频率 ν 的辐射,并且也以分离的形式吸收辐射的物体。如果一个物体发射量子,而另一个物体吸收它们,那么在两个物体之间的空间中发生了什么呢?爱因斯坦提出的观点是,在这两个物体之间通过的能量同样像是以光速飞行的量子组成的。这样一来,可见光线以及不可见光线都被假定为由彼此独立的飞过空间的孤立成分组成的。这个理论类似于牛顿的微粒说,但是在量子论中不可见光的部分由于具有较高频率所以就较大,而牛顿的观点是红色微粒大于紫色微粒。爱因斯坦为了摆脱从麦克斯韦的电学理论和电子论中做出的与观察不符的结论而提出了他的光量子理论。他提出,一束单色光,就是一束以光速 c 运动的粒子流,这些粒子称为光量子(1926 年后改称光子)。每个光子都有一定的能量,对于频率为 ν 的光,其光子能量为 $E=h\nu$,h 为普朗克常数,光束的能量就是这些光子能量的总和。一定频率的光,光子的数量越多,光的强度就越大。光电效应是由于金属中的自由电子吸收了光子能量而从金属中逸出而发生的。他认为光(电磁辐射)是由光量子组成,每个光量子的能量 E 与辐射频率 ν 的关系是:$E=h\nu$,此即爱因斯坦的光量子假说。1916 年,爱因斯坦给出的这个关系式被实验所证实。

爱因斯坦还根据光的动量和能量关系 $p=E/c=h/\lambda$,指出光量子的动量 P 与辐射波长 λ 的关系为 $p=h/\lambda$。1923 年,康普顿散射实验证实了这一设想是正确的。利用爱因斯坦提出的光量子能量及动量的关系式,不难解释在光电效应中出现的疑难问题。当紫外光照射到金属

物理故事·

光量子理论的三大先驱

时，一个光子的能量立刻被金属中的电子吸收。但是，只有当光子的能量足够大时，电子才有可能克服逸出功 W 而逸出金属表面成为光电子。光电子的动能 $\frac{1}{2}MV^2=hu-W$，式中 V 是光电子的速度，V 是光子的频率。由上式可以看出，只有当光子的频率 V 不小于阈值 $V=W/H$ 时，才有光电子的发射，否则无光电效应发生；光电子的动能只依赖照射光的频率 V，而与照射光的强度无关。至此，爱因斯坦的光量子假说克服了经典理论遇到的困难，成功地解释了光电效应中观察到的实验现象。发展了普朗克所开创的量子理论，爱因斯坦对旧理论不是采取改良的态度，而是要求弄清事物的本质彻底解决问题，他看出量子不是一个成功的数学公式，而是揭露光的本质的手段。他克服了普朗克量子假说的不彻底性，把量子性从辐射的机制引申到光的本身上，认为光本身也是不连续的，光不仅在吸收和发射时是量子化的，而且光的传播本身也是量子化的。

爱因斯坦光量子理论的重要意义，不仅在于对光电效应做出了正确的解释，更重要的是光量子假说恢复了光的粒子性，使人们终于认清了光的波粒双重性格，而且在他的启发下，发现了德布罗意物质波，使人们认清了微观世界的波粒二象性，为后来量子力学的建立奠定了基础。

物理链接 WU LI LIAN JIE **物理链接** WU LI LIAN JIE **物理链接** WU LI LIA

光电效应的发展及应用

1887年，赫兹研究了电火花的紫外光照射在火花隙缝的负电极上时有助于放电；1888年，德里斯登的霍尔瓦克斯发现在光的影响下，物体释放出负电；1900年，普朗克提出量子假设，给出正确的黑体辐射公式，为此获得1918年诺贝尔物理学奖；1905年，爱因斯坦提出光量子理论，解释了光电效应，为此获1921年诺贝尔物理学奖；1916年，密立根用实验证实了爱因斯坦的光电效应理论，为此及其油滴实验获诺贝尔物理学奖。利用光电效应中光电流与入射光强度成正比的特性，可以制造光电转换器——实现光信号与电信号之间的相互转换。如光电管等，被广泛应用于光功率测量、光信号记录、电影、电视和自动控制等诸多方面。

量子霍尔效应的发现

| 执著追求的成果 |

量子霍尔效应,一般被看作是整数量子霍尔效应和分数量子霍尔效应的统称。整数量子霍尔效应是由德国物理学家冯·克利青发现的。分子霍尔效应是1879年美国物理学家霍尔研究载流导体在磁场中导电的性质时发现的一种电磁效应。他在长方形导体薄片上通以电流,再沿电流的垂直方向加磁场,发现在与电流和磁场二者垂直的两侧面产生了电势差。后来这个效应广泛应用于半导体研究。

1980年一种新的霍尔效应又被发现,这就是冯·克利青从金属-氧化物-半导体场效应晶体管发现的量子霍尔效应。这个发现决定性的试验是在1980年2月5日晚上进行的。这个发现证实了电阻是量子性的,其最小单位由两个物理常数决定:普朗克常数h和电子电荷e。因此它本身也是一个物理常数。通过量子霍尔效应如今可以对电阻进行绝对的和极精确的测量。从1990年开始电阻的单位欧姆的定义是根据量子霍尔效应确定的。量子霍尔效应也是纳米电子工程的出发点。通过它可以研究比今天的微电子学小的多的半导体元件的物理特性。当时冯·克利青正在法国格勒诺勃的强磁场实验室里测量各种样品的霍尔电阻。这个实验室是马克斯·普朗克固体研究所与法国国家研究中心联合建设的,1978年由兰德威尔教授担任实验室主任。恩格勒特随他一起来到格勒诺勃,从事二维电子系统的研究。1979年秋,冯·克利青也来参加。他们拥有一台强达25T的磁场设备,比别的地方强得多,得到的霍尔平台也显著得多。他们测量的所有样品都显示有同样的特征,$i=4$的平台霍尔电阻都等于6450Ω,正好是$h/4e^2$。这个值与材料的具体性质无关,只决定于基本物理常数h与e。对于这件事,冯·克利青自己曾说过:"量子霍尔效应的真谛并不在于发现霍尔电阻曲线上有

冯·克利青

物理故事·

平台,这种平台在我的硕士生爱伯特1978年发表的硕士论文时已发现,只是那时我们不了解平台产生的原因,也没有给出理论解释。我们那时只认为材料中的缺陷严重地影响了霍尔效应。这些结果已经公开发表,大家也都知道,并且大家都能重复。量子霍尔效应的根本发现使这些平台高度是精确地固定,它们是不以材料、器件的尺寸而转移的,它们只是由基本物理常数 h 和 e 来确定的。"当有人问冯·克利青,量子霍尔效应是不是一个偶然的发现?他解释说量子霍尔效应作为一个普遍规律而存在的重大想法是在1980年2月5日凌晨突然闪现出来的,但它是基于长期研究工作之后的一个飞跃。"通过测量大量的不同样品,才第一次可能认识这样一种特殊的规律,而这种平凡重复的测量简直弄得我们感到乏味,我们反复变化样品,变化载流子浓度,将磁场从零扫描到最大……终于我们发现了这样的特殊规律,所以这一结果的取得是长时间努力工作的结果,这些测量的曲线无时不在我的脑子里盘旋着,反复思考着。冯·克利青发现量子霍尔效应的确不是偶然的。除了他执著的追求、顽强的探索精神之外,还要归功于他所处的环境。他所在的维尔茨堡大学有着非常良好的学术气氛,对他的研究大力支持,正如他自己所说,"这里既没有研究经费方面的困难,也没有来自行政的干扰,因此我们总是把眼光盯在最高目标上。"与工业界的合作也是他成功的一个重要因素。

金属和电解质的霍尔系数很小,霍尔效应不显著;半导体的霍尔系数则大的多,霍尔效应显著。从20世纪60年

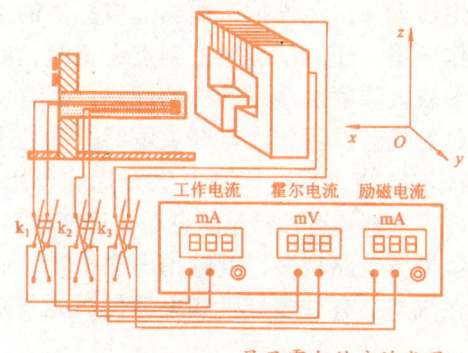

量子霍尔效应的发现

代起,随着半导体材料和半导体工艺的飞速发展,人们发现用半导体材料制成的霍尔元件具有对磁场敏感,结构简单,体积小,频率响应宽,输出电压变化大和使用寿命长等优点,因此将其广泛应用于电磁测量,非电磁测量,自动控制,计算机与通讯装置中。例如汽车点火系统,设计者将霍尔传感器放在分电器内取代机械断电器,用作点火脉冲发生器。这种霍尔式点火脉冲发生器随着转速变化的磁场在带电的半导体层内产生脉冲电压,控制电控单元的初级电流。相对于机械断电器而言,霍尔式点火脉冲发

量子霍尔效应

生器无磨损免维护,能够适应恶劣的工作环境,还能精确地控制点火正时,能够较大幅度提高发动机的性能,具有明显的优势。用作汽车开关电路上的功率霍尔电路,具有抑制电磁干扰的作用。许多人都知道,轿车的自动化程度越高,微电子电路越多,就越怕电磁干扰。而在汽车上有许多灯具和电器件,尤其是功率较大的前照灯、空调电机和雨刮器电机在开关时会产生浪涌电流,使机械式开关触点产生电弧,产生较大的电磁干扰信号。采用功率霍尔开关电路可以减小这些现象。霍尔器件通过检测磁场变化,转变为电信号输出,可用于监视和测量汽车各部件运行参数的变化。

冯·克利青获诺贝尔奖

冯·克利青因发现量子霍尔效应,获得了1985年度诺贝尔物理学奖。1980年,冯·克利青从金属-氧化物-半导体场效应晶体管发现了一种新的量子霍尔效应。量子霍耳效应是继1962年约瑟夫森效应发现之后又一个对基本物理常数有重大意义的固体量子效应。它是20世纪以来凝聚态物理学和有关新技术(包括低温、超导、真空、半导体工艺、强磁场等)综合发展加上冯·克利青创造性的研究工作所取得的重要成果。

物理故事·

能量子的发现

革命性影响现代物理学的发展

普朗克能量子假说对物理学的发展有着不可估量的重大意义,正如爱因斯坦所评价的:"这一发现成为20世纪整个物理学研究的基础,从那个时候起几乎完全决定了物理学的发展。要是没有这一发现,那就不可能建立起分子、原子以及支配它们变化的能量过程的有用理论。"

能量子是指携带能量而没有质量的基本微粒,比如可以看到的光子和看不到的辐射微波等,而能量也是反映能量子运动能力的量度。能量子的积聚组合形成了新的"超重能量子",并出现了质量,比如夸克的凝聚,在形成"超重能量子"时出现了结构"缺陷",所以有了物质与"反物质",比如像正电子、负电子、中微子等粒子。1900年12月14日,德国物理学家普朗克向柏林物理学会提出了能量子假说,冲击了经典物理学的基本概念,使人类对微观领域的奇特本质有了进一步的认识,对现代物理学的发展产生了重大的革命性的影响。普朗克从孩提时代就热爱物理。在小学时,他的老师说:"想象一下,一个工人举起一块重石,奋力顶住它,把它放在屋顶上,他做功的能量没有消失。多年以后,也许有一天,石头掉下来砸了某人的头。"还是孩子的普朗克被这个物理中能量守恒定律的例子震惊了,就像某个人被落下的石头砸着了那样令人难忘,这使他萌生了以后成为一个物理学家的想法。1867年普朗克考入古典马可西米连大学预科学校。在数学家赫尔曼·米勒尔的悉心指导下,普朗克显露了数学方面的才能。19世纪,由于冶金以及照明设备制造等的需要,人们急需找到黑体辐射强度和辐射频率的关系。1889年卢默与鲁本斯通过研究空腔辐射得出了黑体辐射光谱的实验数据。但是,单

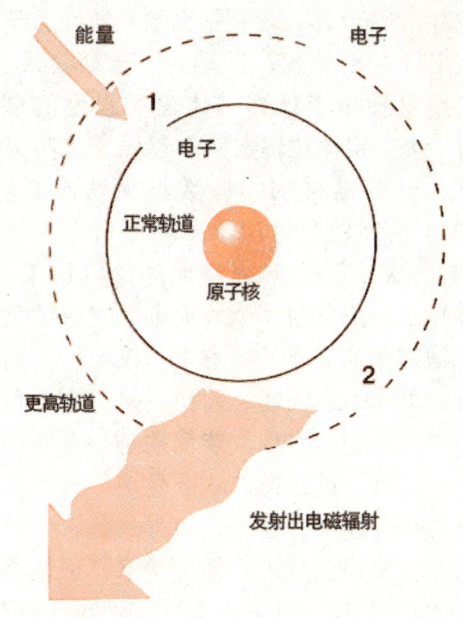

量子原子结构

普朗克

使用实验数据找对应点的方法十分不便,于是,人们开始了寻找一般的公式,但推出的诸多公式都于实验数据相违背。1900年,瑞利根据经典统计力学推出了一个公式,即瑞利—金斯公式,但是这种用于计算黑体辐射强度的瑞利—金斯定律在辐射频率趋向于无穷大时,计算结果和实验数据无法吻合。1911年奥地利物理学家埃伦费斯特用"紫外灾难"来形容经典理论的困境。解开令人困惑的"紫外灾难"之谜的就是物理学家普朗克。他自1894年开始研究黑体辐射问题,起初只是一个简单的想法支配他:如果能像瑞利—金斯那样通过另一途径把玻尔兹曼定律和维恩公式结合起来,也许会获得一些合理的东西。普朗克是理论物理学家,但他并不闭门造车,而是密切注意实验的进展,并保持与实验物理学家的联系。正

当他准备重新研究维恩分布定律时,他的好友实验物理学家鲁本斯告诉他,自己新近红外测量的结果,确证长波方向能量密度 ρ 与绝对温度 T 有正比关系,并且告诉普朗克说,"对于最长波长,瑞利提出的定律是正确的。"这个消息是在1900年德国物理学会开会前几天才告诉普朗克的。它立刻引起了普朗克的重视。他试图找到一个公式,把代表短波方向的维恩公式和代表长波方向的实验结果综合在一起,他应用娴熟的数学技巧,借助内插法,经过一系列的推导,得到以后非常著名的新公式即普朗克辐射定律,和维恩公式相比,仅在指数后面多了一个(-1)。普朗克在物理学的会议上公布了这一结果。鲁本斯连夜做实验,发现在任何情况下这一公式都与实验结果符合的相当好。他满心喜悦地把这个振奋人心的消息告诉了普朗克。普朗克感到欢欣鼓舞,他没有想到:这个靠内插法"侥幸揣测出来"的公式,竟然取得如此巨大的成功!普朗克并没有满足。他深信,在这个公式的背后一定蕴涵着深刻的物理意义。普朗克后来回忆说:"即使这个新的辐射公式证明是绝对精确的,如果仅仅是一个揣测出来的内插公式,它的价值也只能是有限的。因此,从1900年10月19日提出这个公式开始,我就致力于找出这个公式的真正物理意义。"普朗克面临的考验是:作为旧理论体系的奴隶呢,还是尊重事实,大胆创新呢?普朗克后来说"经过一生中最紧张的几星期的工作"自然规律迫使他做出"孤注一掷的行动",他采用了玻尔兹曼建立熵与几率联系的统计方法,得到主要结果。1900年12月14

日，普朗克在德国物理学会上宣读了论文《关于正常光谱的能量分布定律的理论》，提出了令人惊讶的能量子假说。

1905年爱因斯坦提出光量子假说成功地解释了光电效应。1906年他又将量子理论运用到固体比热问题，获得成功。1913年玻尔将量子理论引入原子结构理论中，克服经典物理学解释原子稳定性的困难，建立了他的原子结构模型，取得了原子物理的进展。1922年康普顿通过实验最终使物理学家们确认光量子图景的实在性。量子论得到科学家的普遍认可。

普朗克提出量子假说具有划时代的意义，它冲击了经典物理学长期信奉的一切自然过程都是连续的这条原理。量子论是现代物理学的两大基石之一，它为我们提供了新的关于自然界的表述方法和思考方法，揭示了微观物质世界的基本规律，为原子物理学，固体物理学，物理学和粒子物理学奠定了理论基础，它能很好地解释原子结构、原子光谱的规律性、化学元素的性质、光的吸收与辐射等。纵观今日的物理学，我们可以看到，几乎所有的物

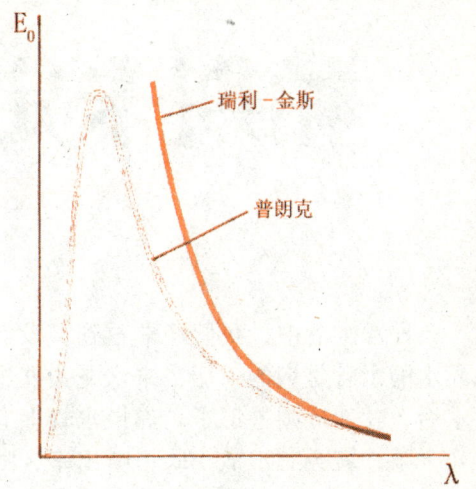

普朗克曲线图

理学领域的发展都是在量子概念基础上衍生出来的，甚至在众多与物理学有关的相交叉的核学科领域，如量子化学、量子生物、量子宇宙学等无一不是立足于量子这块奠基石上的建筑。整个20世纪物理学的发展确切无疑地证明了普朗克当年所提出的"能量子将在物理学中起根本性的作用"这一断言。

物理链接 WU LI LIAN JIE   物理链接 WU LI LIAN JIE   物理链接 WU LI LIA

能量子的应用

丹麦物理学家玻尔首次将量子假设应用到原子中，并对原子光谱的不连续性做出了解释。他认为，电子只在一些特定的圆轨道上绕核运行。在这些轨道上运行时并不发射能量，只当它从一个较高能量的轨道向一个较低轨道跃迁时才发射辐射，反之吸收辐射。这个理论不仅在卢瑟福模型的基础上解决了原子的稳定性问题，而且用于氢原子时与光谱分析所得的实验结果完全符合，因此引起了物理学界的震动。玻尔指导了19世纪20年代的物理学家理解量子理论听起来自相矛盾的基本结构。

帕斯卡定律的发现

| 力学发展的重要里程碑 |

日常生活中，我们经常看到，没有灌水的水管是扁的，用自来水龙头灌进水后，就变成圆柱形了。如果水管上有几个眼，就会有水从小眼里喷出来，喷射的方向是向四面八方的。水是往前流的，为什么能把水管撑圆？

早在几百年前，帕斯卡就注意到这类现象。他想，也许水对四面八方都有压强吧？于是他首先设计了一个实验，那就是"帕斯卡球"实验。帕斯卡球是一个壁上有许多小孔的空心球，球上连接一个圆筒，筒里有可以移动的活塞。把水灌进球和筒里，向里压活塞，水便从各个小孔里喷射出来了，成了一支"多孔水枪"。帕斯卡球的实验证明，液体能够把它所受到的压强向各个方向传递。水管灌满水以后变成圆柱形，就是因为水管里的水把自来水里的压强传递到了带壁的各个部分的结果。细心的帕斯卡并没有就此结束他的研究。他又多次做实验，研究哪个孔喷出去的水最远？结果发现，并没有射得特别远的，距离都差不多。这说明，每个孔所受到的压强都相同。帕斯卡经过数年的观察、实验和思考，综合成《论液体的平衡和空气的重力》一书。提出了著名的帕斯卡定律，即：加在密闭液体任何一部分上的压强，必然按照其原来的大小由液体向各个方向传递。著名科学史家沃尔夫称，帕斯卡的这一发现是17世纪力学发展的一个重要里程碑。帕斯卡在此书中详细讨论了液体压强问题。在第一章中，帕斯卡叙述了几种实验，它们的结果表明，任何水柱，不论直立或倾斜，也不论其截面积的大小，只要竖直高度相同，则施加于水柱底部的某一已知面积的活塞上的力也相同。这一个力实际上是液体所受的重力。书中详细叙述了密封容器中的流体能传递压强，讨论了连通器的原理。帕斯卡利用一个充水的容器，它有两个圆筒形的出口，除此之外，其他部分都封闭。两个出口的截面积相差100倍，在每一个出口的圆筒中放入一

帕斯卡

个大小刚好适合的活塞，则小活塞上一个人施加的推力等于大活塞上 100 人所施加的推力，因而可以胜过大活塞上 99 个人施加的推力，不管这两个出口大小的比例如何，只要施加于两个活塞上的力和两个出口的大小成比例，则水的平衡就可以实现。帕斯卡在书中一一叙述了密闭液体、压强不变、向各方传递等帕斯卡定律的基本点。《论液体的平衡和空气的重力》是帕斯卡于 1653 年写成的，但直到他逝世后的第二年——1663 年才首次面世。帕斯卡是在大量观察和实验的基础上，又用虚功原理加以证明才发现了帕斯卡定律的。在帕斯卡做过的大量实验中，最著名的一个是这样的：他用一个木酒桶，顶端开一个孔，孔中插接一根很长的铁管子，将接插口密封好。实验的时候，酒桶中先注满水，然后慢慢地往铁管子里注几杯水，当管子中的水柱高达几米的时候，就见木桶突然破裂，水从裂缝中向四面八方喷出。帕斯卡定律的发现，为流体静力学的建立奠定了基础。帕斯卡还在这一定律的基础上提出了连通器的原理和后来得到广泛应用的水压机的最初设想。他又指出器壁上所受的、由于液体重力而产生的压强，仅仅与深度有关，他用实验，并从理论上解释了与此有关的液体静力学佯谬现象。他在一周之内就读完了欧几里得《几何原本》的前六本，并还能把它应用于力学。

现代的一切应用着的液压机械，都是帕斯卡定律的具体应用，尤其是近些年来，液压科学又以更崭新的面貌应用于现代科学技术之中。液压机是利用帕斯卡定律制成的利用液体压强传动的机

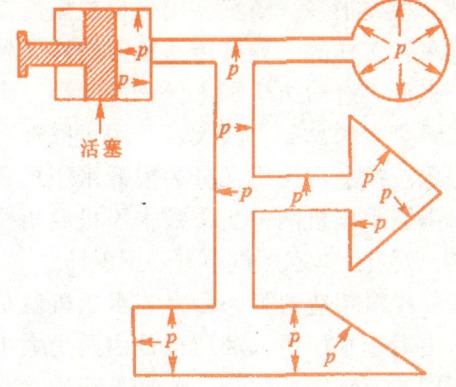

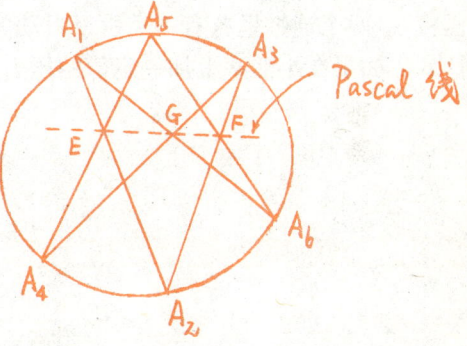

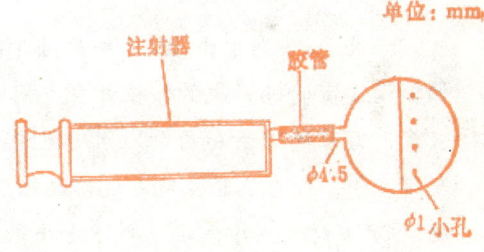

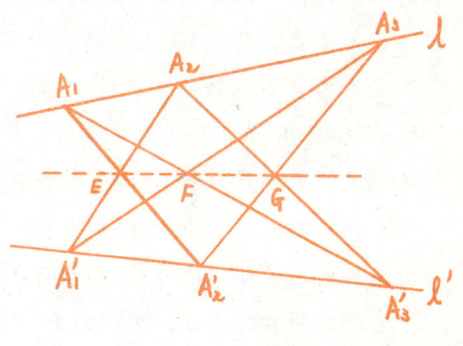

帕斯卡定律示意图

械，种类很多。当然，用途也根据需要是多种多样的。如按传递压强的液体种类来分，有油压机和水压机两大类。水压机产生的总压力较大，常用于锻造和冲压。锻造水压机又分为模锻水压机和自由锻水压机两种。模锻水压机要用模具，而自由锻水压机不需要用模具。

我国制造的第一台万吨水压机就是自由锻造水压机。液压机是由两个大小不同的液缸组成的，在液缸里充满水或油。充水的叫"水压机"；充油的称"油压机"。两个液缸里各有一个可以滑动的活塞，如果在小活塞上加一定值的压力，根据帕斯卡定律，小活塞将这一压力通过液体的压强传递给大活塞，将大活塞顶上去。设小活塞的横截面积是 S_1，加在小活塞上的向下的压力是 F_1。于是，液体上的压强，能够大小不变地被液体向各个方向传递。大活塞所受到的压强必然也等于 P。若大活塞的横截面积是 S_2，压强 P 在大活塞上所在小活塞上加一较小的力，则在大活塞上会得到很大的力，利用这一原理可以用液压机来压制胶合板、榨油、提取重物、锻压钢材等。

物理链接 WU LI LIAN JIE **物理链接** WU LI LIAN JIE **物理链接** WU LI LIA

帕斯卡生平

布莱士·帕斯卡于1623年6月19日出生在法国奥维涅省的克莱蒙费朗，帕斯卡没有受过正规的学校教育。他4岁时母亲病故，由受过高等教育、担任政府官员的父亲和两个姐姐对他进行教育和培养。帕斯卡很小就精通欧几里得几何，他自己独立地发现出欧几里得的前32条定理，而且顺序也完全正确。17岁时帕斯卡写成了数学水平很高的《圆锥截线论》一文，这是他研究德扎尔格关于综合射影几何的经典工作的结果。他根据托里拆利的理论，进行了大量的实验，1647年的实验曾轰动整个巴黎，1647～1648年，他发表了有关真空问题的论文。他关于真空问题的研究和著作，更加提高了他的声望。1648年帕斯卡设想并进行了对同一地区不同高度大气压强测量的实验，发现了随着高度降低，大气压强增大的规律。在这几年中，帕斯卡在实验中不断取得新发现，并且有多项重大发明，如发明了注射器、水压机，改进了托里拆利的水银气压计等。1662年8月19日帕斯卡逝世，终年39岁。后人为纪念帕斯卡的贡献，用他的名字来命名压强的单位，简称帕，符号是 Pa。

物理故事·

宇称守恒定律与宇称不守恒

| 不对称创造大千世界 |

物理学中,李政道与杨振宁提出的"宇称不守恒"应追溯到20世纪初的"诺特定理"。

物理定律对称性与物理量守恒定律的对应关系,是一位德国女数学家艾米·诺特在1918年首先发现的,因此被称为"诺特定理"。自那以后,物理学家们已经形成了这样一种思维定式:只要发现了一种新的对称性,就要去寻找相应的守恒定律;反之,只要发现了一条守恒定律,也总要把相应的对称性找出来。诺特定理将物理学中"对称"的重要性推到了前所未有的高度。不过,物理学家们似乎还不满足,1926年,又有人提出了宇称守恒定律,把对称和守恒定律的关系进一步推广到微观世界。

什么是宇称守恒?"宇称",就是指一个基本粒子与它的"镜像"粒子完全对称。人在照镜子时,镜中的影像和真实的自己总是具有完全相同的性质——包括容貌、装扮、表情和动作。同样,一个基本粒子与它的"镜像"粒子的所有性质也完全相同,它们的运动规律也完全一致,这就是"宇称守恒"。在某种意义上,我们可以把同一种粒子下的个体粒子理解成彼此互为镜像的,听起来,所谓的"宇称守恒"似乎并没有什么特别之处,至少在1926年之前,早已有人提出了牛顿定律具有镜像对称性。不过,以前科学家们提出的那些具有镜像对称的物理定律大多是宏观的,而宇称守恒则是针对组成宇宙间所有物质的最基本的粒子。如果这种物质最基本层面的对称能够成立,那么对称就成为宇宙物质的根本属性。事实上,宇称守恒理论的确在几乎所有的领域都得到了验证——只除了弱力。我们知道,现代物理将物质间的相互作用力分为四种:引力、电磁力、强力和弱力。在强力、电磁力和引力作用的环境中,宇称守恒理论都得到了很好的

李政道

35

杨振宁和李政道

验证：正如我们通常认为的那样，粒子在这三种环境下表现出了绝对的、无条件的对称。在普通人眼中，对称是完美世界的保证；在物理学家眼中，宇称守恒如此合乎科学理想。于是，弱力环境中的宇称守恒虽然未经验证，也理所当然地被认为遵循宇称守恒规律。然而，真理终究要自己站出来说话。1956年，两位美籍华裔物理学家——李政道和杨振宁——大胆地对"完美的对称世界"提出了挑战，矛头直指宇称守恒定律，这成为20世纪物理学界最震撼的事件之一。引发这次震撼事件的最直接原因，是让学者们困惑良久的"θ-τ之谜"，它是宇称守恒定律绕不过去的坎。

20世纪50年代初，科学家们从宇宙射线里观察到两种新的介子（即质量介于质子和电子之间的粒子）：θ 和 τ。这两种介子的自旋、质量、寿命电荷等完全相同，很多人都认为它们是同一种粒子。但是，它们却具有不同的衰变模式，θ 衰变时会产生两个 π 介子，τ 则衰变成三个 π 介子，这说明它们遵循着不同的运动规律。假使 τ 和 θ 是不同的粒子，它们怎么会具有一模一样的质量和寿命呢？而如果承认它们是同一种粒子，二者又怎么会具有完全不一样的运动规

律呢？为了解决这一问题，物理学界曾提出过各种不同的想法，但都没有成功。物理学家们都小心翼翼地绕开了"宇称不守恒"这个可能。你能想象，一个电子和另一个电子的运动规律不一样吗？或者一个介子和另一个介子的运动规律不一样吗？当时的物理学家们可没这胆量。1956年，李政道和杨振宁在深入细致地研究了各种因素之后，大胆地断言：τ 和 θ 是完全相同的同一种粒子（后来被称为 K 介子），但在弱相互作用的环境中，它们的运动规律却不一定完全相同，通俗地说，这两个相同的粒子如果互相照镜子的话，它们的衰变方式在镜子里和镜子外居然不一样！用科学语言来说，"θ-τ"粒子在弱相互作用下是宇称不守恒的。李政道和杨振宁的观点震动了当时的物理学界，他们在完美的物理学对称世界撕出了一个缺口！在最初，"θ-τ"粒子只是被作为一个特殊例外，人们还是不愿意放弃整体微观粒子世界的宇称守恒。此后不久，同为华裔的实验物理学家吴健雄用一个巧妙的实验验证了"宇称不守恒"，从此，"宇称不守恒"才真正被承认为一条具有普遍意义的基础科学原理。不过，究竟为什么粒子在弱相互作用下会出现宇称不守恒呢？根本原因至今仍然是个谜。宇称不守恒的发现并不是孤立的。在微观世界里，基本粒子有三个基本的对称方式：一个是粒子和反粒子互相对称，即对于粒子和反粒子，定律是相同的，这被称为电荷（C）对称；一个是空间反射对称，即同一种粒子之间互为镜像，它们的运动规律是相同的，这叫宇称（P）；一个是时间反演对称，即如果我们颠倒粒子的运动方向，粒子的运动是相同

的，这被称为时间 (T) 对称。这就是说，如果用反粒子代替粒子、把左换成右，以及颠倒时间的流向，那么变换后的物理过程仍遵循同样的物理定律。但是，自从宇称守恒定律被李政道和杨振宁打破后，科学家很快又发现，粒子和反粒子的行为并不是完全一样的！一些科学家进而提出，可能正是由于物理定律存在轻微的不对称，使粒子的电荷 (C) 不对称，导致宇宙大爆炸之初生成的物质比反物质略多了一点点，大部分物质与反物质湮灭了，剩余的物质才形成了我们今天所认识的世界。如果物理定律严格对称，宇宙连同我们自身就都不会存在了——宇宙大爆炸之后应当诞生了数量相同的物质和反物质，但正反物质相遇后就会立即湮灭，那么，星系、地球乃至人类就都没有机会形成了。接下来，科学家发现连时间本身也不再具有对称性了！可能大多数人原本就认为时光是不可倒流的，然而 1998 年末，物理学家们却首次在微观世界中发现了违背时间对称性的事件。欧洲原子能研究中心的科研人员发现，正负 K 介子在转换过程中存在时间上的不对称性：反 K 介子转换为 K 介子的速率要比其逆转过程——即 K 介子转变为反 K 介子来得要快。至此，粒子世界的物理规律的对称性全部破碎了，世界从本质上被证明了是不完美的、有缺陷的。

当"宇称不守恒"在 20 世纪 50 年代被提出时，大多数人对"完美和谐"的宇称守恒定律受到挑战不以为然。在吴健雄实验之前，当时著名的理论物理学权威泡利教授甚至说："我不相信上帝是一个软弱的左撇子，我已经准备好一笔大赌注，我敢打赌实验将获得对称的结论。"然而，严谨的实验证明，泡利教授的这一次打赌输了。看来，上帝对左右真的是有所偏爱，如果事事处处都要达到绝对的平衡对称，"万物之灵"的生命就不会产生了。

不管是故意也好，疏忽也罢，上帝或许真的并不是一个绝对对称的完美主义者。从某种意义上来说，正是不对称创造了大千世界。道理其实很简单。虽然对称性反映了不同物质形态在运动中的共性，但是，只有对称性被破坏才能使它们显示出各自的特性。

物理链接 WU LI LIAN JIE **物理链接** WU LI LIAN JIE **物理链接** WU LI LIA

李政道

　　李政道，1926 年 11 月 25 日出生在上海，1946 年到美国留学，以"有特殊见解和成就"通过了博士论文答辩，被誉为"神童博士"，其时年仅 23 岁。1957 年李政道和杨振宁荣获诺贝尔物理学奖，是基于他们在 1956 年提出的"李-杨假说"在基本粒子的弱相互作用中宇称可能是不守恒的。1998 年 1 月 23 日，李政道将其毕生积蓄 30 万美元，以他和他的已故夫人秦惠（竹君）的名义设立了"中国大学生科研辅助基金"，资助北京大学、复旦大学、兰州大学和苏州大学的本科生从事科研辅助工作。

欧姆定律的发现

电学史上具有里程碑意义的贡献

乔治·西蒙·欧姆是德国物理学家。生于巴伐利亚埃尔兰根城。欧姆的父亲是一个技术熟练的锁匠,对哲学和数学都十分爱好。欧姆从小就在父亲的教育下学习数学并受到有关机械技能的训练,这对他后来进行研究工作特别是自制仪器有很大的帮助。欧姆的研究,主要是在 1817~1827 年担任中学物理教师期间进行的。

欧姆正处在电学飞速发展的时期,新的电学成果不断地涌现,其他科学家的发现激励着他去进一步探索一个重要的问题:使用伏打电池的电路中,电流强度可能随电池数目的增多而增大,但是,这中间到底存在什么规律呢?他决心通过实验寻找答案。当时还没有测量电流强弱的仪器,欧姆曾设想用电流的热效应去测量电流的强弱,但没有成功。1821 年施魏格尔和波根多夫发明了一种原始的电流计,这个仪器的发明使欧姆受到鼓舞。他利用业余时间,向工人学习多种加工技能,决心制作必要的电学仪器与设备。为了准确地量度电流,他巧妙地利用电流的磁效应设计了一个电流扭秤。用一根扭丝挂一个磁针,让通电的导线与这个磁针平行放置,当导线中有电流通过时,磁针就偏转一定的角度,由此可以判断导线中电流的强弱。他把自己制作的电流计连在电路中,并创造性地在放磁针的度盘上划上刻度,以便记录实验的数据。这样,根据实验结果得出了一个公式,可惜是错的,用这个公式计算的结果与欧姆本人后来的实验也不一致。欧姆很后悔,意识到问题的严重性,打算收回已发出的论文,可是已经晚了,论文已发散出去了。急于求成的轻率做法,使他吃了苦头,科学家对他也表示反感,认为他是假充内行。欧姆决心要挽回影响和损失,更重要的是还要继续通过实验寻找规律。这

乔治·西蒙·欧姆

时欧姆多么需要人们的理解和支持啊，当时有位科学家叫波根多夫，从欧姆这位中学教师身上看到了追求真理勇于创新的精神，于是写信鼓励欧姆继续干下去。并建议他在实验中，使用更加稳定的塞贝克温差电池。这种电池是1821年由塞贝克发明的，它的原理是：用铜、铋两种不同的导线连接而组成的电路中，两个接头的温度不同时可以产生电流，温差越大，电流越强。欧姆鼓起勇气，用了塞贝克温差电池重新认真地做实验，他把一个接头浸入沸水中，温度保持100℃，另一接头埋入冰块，温度保持0℃，从而保证一个能供应稳定电压的电源。多次实验之后，他将实验结果于1826年发表，1827年欧姆又在《电路的数学研究》一书中，把他的实验规律总结成如下公式：$S=\gamma E$。式中S表示电流；E表示电动力，即导线两端的电势差，γ为导线对电流的传导率，其倒数即为电阻。欧姆在自己的许多著作里还证明了：电阻与导体的长度成正比，与导体的横截面积和传导性成反比；在稳定电流的情况下，电荷不仅在导体的表面上，而且在导体的整个截面上运动。这就是欧姆定律，这在电学史上是具有里程碑意义的。欧姆发表《伽伐尼电路的数学论述》，从理论上论证了欧姆定律，欧姆本以为研究成果一定会受到学术界的承认，可是他想错了。书的出版招来了不少讽刺和诋毁，大学教授们看不起他这个中学教师。德国人鲍尔攻击他说："以虔诚的眼光看待世界的人不要去读这本书，因为它纯然是不可置信的欺骗，它的唯一目的是要亵渎自然的尊严。"这一切使欧姆十分伤心，他在给

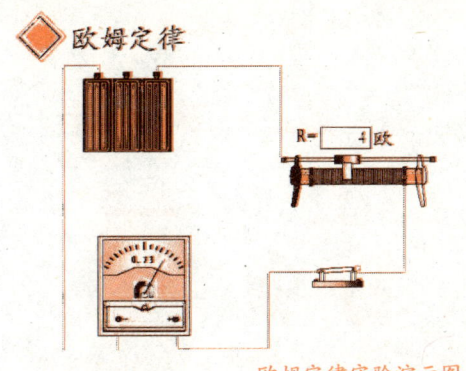

欧姆定律实验演示图

朋友的信中写道："伽伐尼电路的诞生已经给我带来了巨大的痛苦，我真抱怨它生不逢时，因为深居朝廷的人学识浅薄，他们不能理解它的母亲真实感情。"当然也有不少人为欧姆抱不平，发表欧姆论文的《化学和物理杂志》主编施韦格写信给欧姆说："请您相信，在乌云和尘埃后面的真理之光最终会透射出来，并含笑驱散它们。"欧姆辞去了在科隆的职务，又去当了几年私人教师，直到七八年之后，有位叫波利特的科学家发表了一篇论文，得到的是与欧姆同样的结果。这才引起科学界对欧姆的重新注意。

欧姆以等于10^9CGSM电阻的欧姆作为基础，用恒定电流在融冰温度时通过质量为14.4521克、长度为106.3厘米、横截面恒定的水银柱受到的电阻。一个导体的电阻R不仅取决于导体的性质，它还与工作点的温度有关。对于有些金属、合金和化合物，当温度降到某一临界温度T℃时，电阻率会突然减小到无法测量，这就是超导电现象。导体的电阻与温度有关。一般来说，金属导体的电阻会随温度升高而增大，如电灯泡中钨丝的电阻。半导体的电阻与温度的关系很大，温度稍有增加电阻值即会

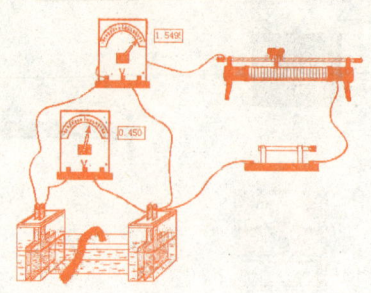

研究闭合电路的欧姆定律

减小很多。通过实验可以找出电阻与温度变化之间的关系，利用电阻的这一特性，可以制造电阻温度计（通常称为"热敏电阻温度计"）。欧姆接触是指金属与半导体的接触，而其接触面的电阻值远小于半导体本身的电阻，使得组件操作时，大部分的电压降在活动区而不在接触面。欲形成好的欧姆接触，有两个先决条件：一是金属与半导体间有低的界面能障；二是半导体有高浓度的杂质掺入。前者可使界面电流中热激发部分增加；后者则使界面空乏区变窄，电子有更多的机会直接穿透，而同使 R_c 阻值降低。

为了纪念欧姆对电磁学的贡献，物理学界将电阻的单位命名为欧姆，以符号 Ω 表示。电阻的单位欧姆简称欧。1欧定义为：当导体两端电势差为1伏特，通过的电流是1安培时，它的电阻为1欧。

物理链接 WU LI LIAN JIE   物理链接 WU LI LIAN JIE   物理链接 WU LI LIA

欧姆杀菌

欧姆杀菌是借助通入电流使食品内部产生热量达到杀菌目的的一种杀菌方法。欧姆杀菌具有很多优点，例如可以生产新鲜、大颗粒的产品；不需任何热交换表面；可以连续操作；热量在液体中产生，不需借助其液体的传导或对流；过程易于控制，可立即终止或启动。欧姆杀菌工艺操作：（1）装置的预杀菌用电导率与待杀菌物料相接近的一定浓度的硫酸钠溶液的循环来实现。（2）预杀菌液冷却后排出，引入待杀菌物料。通过反压阀利用无菌空气和气氮气调节压力。（3）物料加热杀菌，再依次进入保温管、冷却管和贮罐，供无菌充填。（4）生产结束后，切断电源，先用清水清洗，再用80℃的2%的氢氧化溶液循环清洗30min。

物理故事·

法拉第发现电磁感应现象
| 宣告电气时代的到来 |

迈克尔·法拉第,出生在萨里郡纽因顿的一个铁匠家庭。13岁就在一家书店当送报和装订书籍的学徒。他有强烈的求知欲,挤出一切休息时间"贪婪"地把他装订的一切书籍内容都从头读一遍。读后还临摹插图,工工整整地做读书笔记;用一些简单器皿照着书上进行实验,仔细观察和分析实验结果,把自己的阁楼变成了"小实验室"。在这家书店呆了8年,他废寝忘食、如饥似渴地学习。他后来回忆这段生活时说:"我就是在工作之余,从这些书里开始找到我的哲学。这些书中有两种对我特别有帮助,一是《大英百科全书》,我从这里第一次得到电的概念;另一是马塞夫人的《化学对话》,它给了我这门课的科学基础。"

在哥哥赞助下,法拉第听了汉弗莱·戴维十几次自然哲学的通俗讲演,每次听后都重新誊抄笔记,并画下仪器设备图。1812年2月至4月又连续听了汉弗莱·戴维4次讲座,从此燃起了进行科学研究的愿望。他曾致信皇家学院院长求助。失败后,他写信给戴维:"不管干什么都行,只要是为科学服务"。他还把他的装帧精美的听课笔记整理成《汉弗莱·戴维爵士讲演录》寄上。他对讲演内容还作了补充,书法娟秀,插图精美,显示出法拉第一丝不苟的学习态度和对

法拉第

科学的热爱。经过戴维的推荐,1813年3月,24岁的法拉第担任了皇家学院助理实验员。后来戴维曾把他发现法拉第作为自己最重要的功绩而引以为荣。

法拉第最出色的工作是电磁感应的发现和场的概念的提出。1821年他读过奥斯特关于电流磁效应的论文后,被这一新的学科领域深深吸引。他刚刚迈入这个领域,就取得重大成果——发现通电流的导线能绕磁铁旋转,从而跻身著名电学家的行列。因受苏格兰传统科学研究方法影响,通过奥斯特实验,他认为电与磁是一对和谐的对称现象。既然

电能生磁,他坚信磁亦能生电。经过10年探索,历经多次失败后,1831年8月26日终于获得成功。这次实验是用伏打电池在给一组线圈通电(或断电)的瞬间,在另一组线圈获得的感生电流,他称之为"伏打电感应"。同年10月17日完成了在磁体与闭合线圈相对运动时在闭合线圈中激发电流的实验,他称之为"磁电感应"。经过大量实验后,他终于实现了"磁生电"的夙愿,宣告了电气时代的到来。作为19世纪伟大实验物理学家的法拉第,他并不满足于现象的发现,还力求探索现象后面隐藏着的本质;他既十分重视实验研究,又格外重视理论思维的作用。1832年3月12日他写给皇家学会一封信,信封上写有"现在应当收藏在皇家学会档案馆里的一些新观点"。那时的法拉第已经孕育着电磁波的存在以及光是一种电磁振动的杰出思想,尽管还带有一定的模糊性。为解释电磁感应现象,他提出"电致紧张态"与"磁力线"等新概念,同时对当时盛行的超距作用说产生了强烈的怀疑:"一个物体可以穿过真空超距地作用于另一个物体,不要任何一种东西在中间参与,就把作用和力从一个物体传递到另一个物体,这种说法对我来说,尤其荒谬。凡是在哲学方面有思考能力的人,决不会陷入这种谬论之中"。他开始向长期盘踞在物理学阵地的超距说宣战。与此同时,他还向另一种形而上学观点——流体说进行挑战。1833年,他总结了前人与自己的大量研究成果,证实当时所知摩擦电、伏打电、电磁感应电、温差电和动物电五种不同来源的电的同一性。他力图解释电流的本质,导致他研究电流通过酸、碱、盐溶液,结果在1833~1834年发现电解定律,开创了电化学这一新的学科领域。他所创造的大量术语沿用至今。电解定律除本身的意义外,也是电的分立性的重要论据。

1837年法拉第发现电质对静电过程的影响,提出了以近距"邻接"作用为基础的静电感应理论。不久以后,他又发现了抗磁性。在这些研究工作的基础上,他形成了"电和磁作用通过中间介质从一个物体传到另一个物体的思想。"于是,介质成了"场"的场所,场这个概念正是来源于法拉第。正如爱因斯坦所说,引入场的概念,是法拉第的最富有独创性的思想,是牛顿以来最重要的发现。牛顿及其他学者的空间,被视作物体与电荷的容器;而法拉第的空间,是现象的容器,它参与了现象。所以说法拉第是电磁场学说的创始人。他的深邃的物理思想,强烈地吸引了年轻的麦克斯韦。麦克斯韦认为,法拉第的电磁场理论比当时流行的超距作用电动力学更为合理,他正是抱着用严格的数学语言来表述法拉第理论的决心闯入电磁学领域的。法拉第坚信:"物质的力借以表现出的各种形式,都有一个共同

电磁感应现象实验图

物理故事·

的起源"，这一思想指导着法拉第探寻光与磁之间的联系。1822年，他曾使光沿电流方向通过电解波，试图发现偏振面的变化，没有成功。这种思想是如此强烈，执著的追求使他终于在1845年发现强磁场使偏振光的偏振面发生旋转。他的晚年，尽管健康状况恶化，仍从事广泛的研究。他曾分析研究电缆中电报信号迟滞的原因，研制照明灯与航标灯。

虽然法拉第只受过很少的正式教育，这使得他的数学程度相对有限，但不可否认，法拉第仍是历史上最伟大的科学家之一。他把电孕育成可用技术，为了纪念法拉第，电容值的国际单位被命名为法拉，符号为F，此外，1摩尔的电子所含的电量也被称为法拉第常数，让世

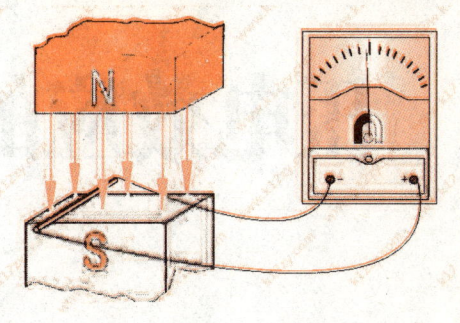

电磁感应现象

人缅怀他在电学上无与伦比的贡献。法拉第电磁感应定律陈述——随时间改变的磁场会创造与磁场强度成正比的电动势。法拉第在英国皇家研究机构中任富勒里安化学教授，在所有任过此职者中，法拉第是第一个，也是最为出名的学者。

物理链接 WU LI LIAN JIE　物理链接 WU LI LIAN JIE　物理链接 WU LI LIA

法拉第效应

法拉第效应，1845年由法拉第发现。当线偏振光（见光的偏振）在介质中传播时，若在平行于光的传播方向上加一强磁场，则光振动方向将发生偏转，偏转角度ψ与磁感应强度B和光穿越介质的长度l的乘积成正比，即$\psi=VBl$，比例系数V称为费尔德常数，与介质性质及光波频率有关。偏转方向取决于介质性质和磁场方向。上述现象称为法拉第效应或磁致旋光效应。法拉第效应可用于混合碳水化合物成分分析和分子结构研究。近年来在激光技术中这一效应被利用来制作光隔离器和红外调制器。该效应可用来分析碳氢化合物，因每种碳氢化合物有各自的磁致旋光特性；在光谱研究中，可借以得到关于激发能级的有关知识；在激光技术中可用来隔离反射光，也可作为调制光波的手段。

压电效应的历史与应用

用途广泛的电荷

压电效应是指某些电介质在沿一定方向上受到外力的作用而变形时,其内部会产生极化现象,同时在它的两个相对表面上出现正负相反的电荷。当外力去掉后,它又会恢复到不带电的状态的现象。当作用力的方向改变时,电荷的极性也随之改变。相反,当在电介质的极化方向上施加电场,这些电介质也会发生变形,电场去掉后,电介质的变形随之消失,这种现象称为逆压电效应,或称为电致伸缩现象。依据电介质压电效应研制的一类传感器称为压电传感器。

1880年居里兄弟皮尔与杰克斯发现压电效应。之前在杰克斯的实验室发现了压电性。起先,皮尔致力于焦电现象与晶体对称性关系的研究,后来兄弟俩却发现,在某一类晶体中施以压力会有电性产生。他们又系统地研究了施压方向与电场强度间的关系,及预测某类晶体具有压电效应。经他们实验而发现,具有压电性的材料有:闪锌矿、钠氯酸盐、电气石、石英、酒石酸、蔗糖、方硼石、异极矿、黄晶及若歇尔盐。这些晶体都具有非晶方性结构,晶方性材料是不会产生压电性的。在非晶方性晶体中,施一外力使晶体变形,则由于晶格中电荷的移动造成晶体内局部性不均匀电荷分布,而产生一电位移。电荷的位移是由于晶体内部所有离子

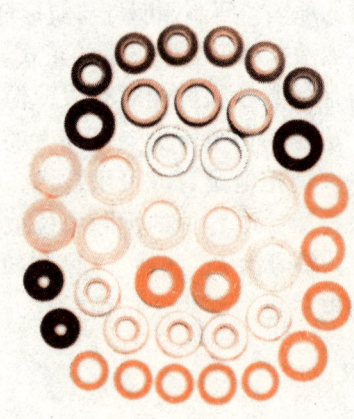

压电晶体材料

的移动,或者因为原子轨道上电子分布的变形而引起离子偏极化所造成,这些电荷位移现象在所有材料中都存在,可是要具有压电效应,则必须能在材料每单位体积中造成有效地净的电双极矩变化。是否能有这种变化,因视晶格结构之对称性而定。压电现象理论最早是李普曼在研究热力学原理时发现的,后来在同一年,居里兄弟做实验证明了这个理论,且建立了压电性与晶体结构的关系。1894年,福克特更严谨地定出晶体结构与压电性的关系,他发现32种晶类可能具有压电效应。今天,我们都知道,压晶体管可用来作为声波的产生器与接收器,无论在军事上、工业上、工程上都具有广泛的用途。

可是早在居里兄弟发现压电性后的35年中，压电效应在应用上几乎没有受到任何重视。就是皮尔本人也只不过用它来测量镭元素所辐射出的电荷罢了。第一次世界大战时，盟军军舰受到德国潜艇的攻击大量受损，于是设法寻找有效侦测潜艇的方法。因为电磁波无法有效穿透海水，而声波则能容易地在海里行进，因此，当时的蓝杰文发展出利用石英压晶体管作为声波产生器。可惜等到有了好结果，大战已接近尾声而来不及用上了。石英两面各贴一钢片，使其振荡频率降到 50KHz，外加一电脉波信号，则经换能器转换成声波传至海底；过一段时间后，换能器接收到由海底反射的回波，由来回时间和波在海中行进的速度，可计算换能器到海底的距离。这个原理同样可测潜艇的位置。第一次世界大战后不久，石英换能器便发展出两项重要的应用。首先，哈佛大学的皮尔士教授用石英晶体制作超声波干涉仪，由石英所发生的超声波和途中声波反射器所反射的回波混合，产生极大值，若微调反射板使前进或后退，则可获得另一极大值，由两极大值间的距离，亦即反射板在两相邻极大值间所移动的距离，可测出声波波长。因为已知频率，因此由频率与波长的乘积，可确定出波在气体介质中的速度。同时，由几个极大值间的振幅降低率，可求出波在气体中的衰减系数。当时用它来测量声波在二氧化碳中波速对频率的关系，而求出波速的色散关系。用这种方法，可研究气体在不同混合比与温度下声波的波速与衰减率。

1927 年，伍德与鲁密斯首先使用高

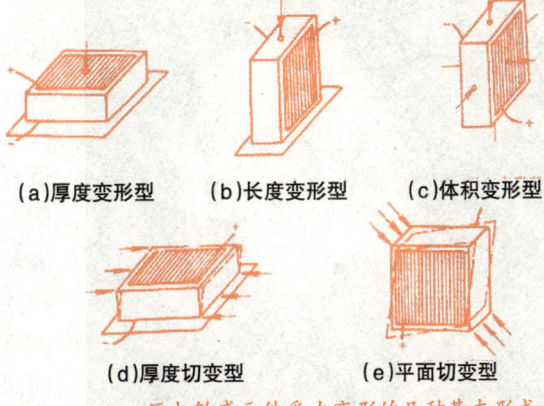

(a) 厚度变形型　(b) 长度变形型　(c) 体积变形型
(d) 厚度切变型　(e) 平面切变型

压电敏感元件受力变形的几种基本形式

功率超声波。使用蓝杰文型的石英换能器配合高功率真空管，在液体中产生高能量，使液体引起空腔现象。同时也研究高功率超声波对生物试样的效应。在水下音响的研究中发现，石英晶体并不是很好的换能器材料，但是它的振荡频率却不随温度而变，即具有低的温度系数。这种频率对温度的高稳定性，用在控制振荡器的频率，及某些滤波器上最有用。1919 年，卡迪教授第一次利用石英当作频率控制器，因为晶体具有极高的 Q 值，振荡器的频率受到晶体共振频率的控制，且频率不随温度变化而变。后来，皮尔士和皮尔士-米勒又发明一种以后广被采用的晶体控制振荡电路。在第二次世界大战中，大约使用了 1000 万个晶体振荡器，用以建立坦克与坦克之间及地面和飞机之间的通信。石英晶体另一个重要的应用在于获得高度频率选择性的振荡器。石英晶体是一个高 Q 值的压电芯片，高 Q 值意味着低的声波能量损耗；高 Q 值也意味着窄频带，因此不适合声音传输电路使用。为了能在载波通信系统中使用，可用一串联电感来获得宽带操作。此类滤波器的结构图，它常被用在有线通信系统、微波通信

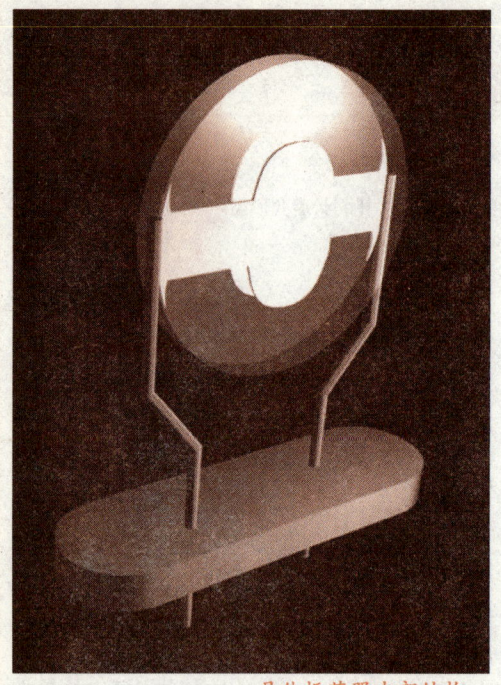

晶体振荡器内部结构

应,用它制出各式各样的声电换能器,其操作频谱可由100Hz起涵盖至几个GHz,依频率的不同而有不同的用途。声呐、反潜、海底通信、电话通信等是低频信号最典型的应用。在几个MHz范围,其波长在毫米范围,适合用来作非破坏性的检验材料与医学诊断上,所谓超声波成像术、全像摄影术、计算机辅助声波断层摄影术等就是针对这些用途而研究的。频率在VHF、UHF波段则使用压电性所研制出来的表面声波电子组件。如延迟线、各式滤波器、回旋器、相关器等信号处理组件,在通信上与信号处理上具有重要的应用。当频率高至低微波波段,其对应波长在微米范围,用来制作声学显微镜,其解像力可和传统的光学显微镜媲美,而其机械波而非电磁波的独特性质,则可弥补光学显微镜在应用上的不足。

系统等。

早期压电效应仅止于学术上的趣味性研究,而如今则已成为非常有用的效

物理链接 WU LI LIAN JIE **物理链接** WU LI LIAN JIE **物理链接** WU LI LIA

压电效应分类

压电效应可分为正压电效应和逆压电效应。正压电效应是指:当晶体受到某固定方向外力的作用时,内部就产生电极化现象,同时在某两个表面上产生符号相反的电荷;当外力撤去后,晶体又恢复到不带电的状态;当外力作用方向改变时,电荷的极性也随之改变;晶体受力所产生的电荷量与外力的大小成正比。压电式传感器大多是利用正压电效应制成的。逆压电效应是指对晶体施加交变电场引起晶体机械变形的现象。用逆压电效应制造的变送器可用于电声和超声工程。压电敏感元件的受力变形有厚度变形型、长度变形型、体积变形型、厚度切变型、平面切变型5种基本形式。压电晶体是各向异性的,并非所有晶体都能在这5种状态下产生压电效应。例如石英晶体就没有体积变形压电效应,但具有良好的厚度变形和长度变形压电效应。

物理故事·

迈克尔孙干涉仪的发明

| 新时空观理论的依据 |

迈克尔孙干涉仪

迈克尔孙干涉仪是光学干涉仪中最常见的一种,其发明者是美国物理学家阿尔伯特·亚伯拉罕·迈克尔孙。迈克尔孙干涉仪的原理是一束入射光分为两束后各自被对应的平面镜反射回来,这两束光从而能够发生干涉。干涉中两束光的不同光程可以通过调节干涉臂长度以及改变介质的折射率来实现,从而能够形成不同的干涉图样。迈克尔孙和爱德华·威廉姆斯·莫雷使用这种干涉仪于1887年进行了著名的迈克尔孙——莫雷实验,并证实了以太的不存在。

以太是古希腊哲学家所设想的一种物质,在笛卡尔看来,物体之间的所有作用力都必须通过某种中间媒介物质来传递,不存在任何超距作用。因此,空间不可能是空无所有的,它被以太这种媒介物质所充满。后来,以太又在很大程度上作为光波的荷载物同光的波动学说相联系。光的波动说是由胡克首先提出的,并为惠更斯所进一步发展。在相当长的时期内,人们对波的理解只局限于某种媒介物质的力学振动。以太的假设事实上代表了传统的观点:电磁波的传播需要波一个"绝对静止"的参照系,当参照系改变,光速也改变。然而根据麦克斯韦方程组,电磁的传播不需要一个"绝对静止"的参照系。如果说光的传播需要介质,那么光速就应该相对介质不变,就好像空气中的声速相对空气不变一样。以前一直认为光是在一种叫做"以太"的介质中传播,所以认为光速应该相对"以太"不变,于是,迈克

47

尔孙和莫雷做了一个寻找"以太"的实验。迈克尔孙——莫雷实验的具体做法是把一束光通过一个半反半透镜分成互相垂直的两束，一束的传播方向和地球运动的方向一致，另一束和地球运动的方向垂直，通过干涉来测量光速的变化，如果光真是在"以太"中传播，那么地球上的光源会因为相对"以太"有一定的速度而使向不同方向发出的光速度不同，但实际上"以太"是不存在的，地球运动自然不会对光速造成影响，迈克尔孙-莫雷实验否定了"以太"的存在。既然"以太"不存在，就说明光的传播不需要介质，那么光速不变，就只能是相对地面参考系（在地面附近范围）。值得注意的是，有些人认为迈克尔孙——莫雷实验证明了"不论光源和观测者做怎样的相对运动光速都是相同的"，其实整个实验中，光源、半反半透镜和测量装置之间没有任何相对运动，相反还固定得很好，也就是说，光源和观测者没有做任何相对运动。如果向地球的运动的方向和地球运动方向的垂直方向的光速没有变化就能证明光速不变原理的话，那么向地球运动的方向和地球运动方向的垂直方向各扔一个苹果速度不变就能证明"果速不变原理"，向地球运动的方向和地球运动方向的垂直方向各扔一个球速度不变就能证明"球速不变原理"，向地球运动的方向和地球运动方向的垂直方向各扔一块石头速度不变就能证明"石速不变原理"，最后是不是还要来个著名的"万速不变原理"呢？可见迈克尔孙——莫雷实验并不能证明"不论光源和观测者做怎样的相对运动光速都是相同的"。因此，著名的迈克尔孙—莫雷

实验、斐索实验均不能证明"光速不变"，而只能证明：在静止的真空管（或水管）中，光速的大小是稳定不变的。迈克尔孙——莫雷实验否定了特殊参考系的存在，这就意味着不存在以太，光速不依赖于观察者所在的参考系。到目前为止，所有实验都指出：光速不依赖于观察者所在的参考系，而且与光源的运动无关。迈克尔孙是第一个倡导用光波的波长作为长度基准的科学家。1892年迈克尔孙利用特制的干涉仪，以法国的米原器为标准，在温度15℃、压力760毫米汞柱的条件下，测定了镉红线波长是6438.4696埃，于是，1米等于1553164倍镉红线波长。这是人类首次获得了一种永远不变且毁坏不了的长度基准。该实验的结果成为了狭义相对论的一个坚实基础，为新的时空观理论提供了依据，打破了数百年来人们对以太从而对于力的作用方式需要介质的看法。他巧妙的构思成为物理学史上一个杰出的典范。

迈克耳孙干涉仪的最著名应用即是它在迈克尔孙——莫雷实验中对以"太风"观测中所得到的零结果，这朵19世纪末经典物理学天空中的乌云为狭义相对论的基本假设提供了实验依据。除此之外，由于激光干涉仪能够非常精确地测量干涉中的光程差，在当今的引力波探测中迈克尔孙干涉仪以及其他种类的干涉仪都得到了相当广泛的应用。激光干涉引力波天文台等诸多地面激光干涉引力波探测器的基本原理就是通过迈克尔孙干涉仪来测量由引力波引起的激光的光程变化，而在计划中的激光干涉空间天线中，应用迈克耳孙干涉仪原理的

物理故事

迈克尔孙

中,虽然在这种探测中马赫-曾特干涉仪的应用更加广泛。迈克尔孙干涉仪还在延迟干涉仪,即光学差分相移键控解调器的制造中有所应用,这种解调器可以在波分复用网络中将相位调制转换成振幅调制。19世纪末人们通过使用气体放电管、滤色镜、狭缝或针孔成功得到了迈克尔孙干涉仪的干涉条纹,而在一个版本的迈克尔孙——莫雷实验中采用的光源是星光。星光不具有时间相干性,但由于其从同一个点光源发出而具有足够好的空间相干性,从而可以作为迈克尔孙干涉仪的有效光源。

迈克尔孙是一位出色的实验物理学家,他所完成的实验都以设计精巧、精确度高而闻名,爱因斯坦曾赞誉他为"科学中的艺术家"。

基本构想也已经被提出。迈克尔孙干涉仪还被应用于寻找太阳系外行星的探测

非线性迈克尔孙干涉仪

在所谓非线性迈克尔孙干涉仪中,标准的迈克尔孙干涉仪的其中一条干涉臂上的平面镜被替换为一个Gires-Tournois干涉仪或Gires-Tournois标准具,从Gires-Tournois标准具出射的光场和另一条干涉臂上的反射光场发生干涉。由于Gires-Tournois标准具导致的相位变化和光波长有关,并且具有阶跃的响应,非线性迈克尔孙干涉仪有很多特殊的应用,例如光纤通信中的光学梳状滤波器。另外,迈克尔孙干涉仪的两条干涉臂上的平面镜都可以被替换为Gires-Tournois标准具,此时的非线性迈克尔孙干涉仪会产生更强的非线性效应,并可以用来制造反对称的光学梳状滤波器。

塞曼效应

| 量子理论发展的助推器 |

塞曼效应，在原子、分子物理学和化学中的光谱分析里是指原子的光谱线在外磁场中出现分裂的现象，是1896年由荷兰物理学家塞曼发现的。随后洛伦兹在理论上解释了谱线分裂成3条的原因，这种现象称为"塞曼效应"。进一步的研究发现，很多原子的光谱在磁场中的分裂情况非常复杂，称为反常塞曼效应。完整解释塞曼效应需要用到量子力学，电子的轨道磁矩和自旋磁矩耦合成总磁矩，并且空间取向是量子化的，磁场作用下的附加能量不同，引起能级分裂。在外磁场中，总自旋为零的原子表现出正常塞曼效应，总自旋不为零的原子表现出反常塞曼效应。

1896年，荷兰物理学家塞曼使用半径3米的凹形罗兰光栅观察磁场中的钠火焰的光谱，他发现钠的D谱线似乎出现了加宽的现象。这种加宽现象实际是谱线发生了分裂。随后不久，

塞曼

塞曼的老师、荷兰物理学家洛伦兹应用经典电磁理论对这种现象进行了解释。他认为，由于电子存在轨道磁矩，并且磁矩方向在空间的取向是量子化的，因此在磁场作用下能级发生分裂，谱线分裂成间隔相等的3条谱线。塞曼和洛伦兹因为这一发现共同获得了1902年的诺贝尔物理学奖。1897年12月，普雷斯顿报告称，在很多实验中观察到光谱线有时并非分裂成3条，间隔也不尽相同，人们把这种现象叫做为反常塞曼效应，将塞曼原来发现的现象叫做正常塞曼效应。反常塞曼效应的机制在其后20余年时间里一直没能得到很好的解释，困扰了一大批物理学家。1925年，两名荷兰学生乌仑贝克和古兹米特提出了电子自旋假设，很好地解释了反常塞曼效应。应用正常塞曼效应测量谱线分裂的频率间隔可以测出电子的荷质比。由此计算得到的荷质比数值与约瑟夫·汤姆生在阴极射线偏转实验中测得的电子荷质比数量级是相同的，二者互相印证，进一步证实了电子的存在。塞曼效应也可以用来测量天体的磁场。1908年美国天文学家海尔等人在威尔逊山天文台利用塞曼效应，首次测量到了太阳黑子的磁场。

塞曼效应是物理学史上一个著名的实验。荷兰物理学家塞曼在1896年发

现：把产生光谱的光源置于足够强的磁场中，磁场作用于发光体使光谱由一条谱线分裂成几条偏振化谱线的现象称为塞曼效应。若一条谱线分裂成三条、裂距按波数计算正好等于一个洛伦兹单位的现象称为正常塞曼效应；而分裂成更多条且裂距大于或小于一个洛伦兹单位的现象称为反常塞曼效应。塞曼效应证实了原子具有磁距和空间取向量子化的现象，至今塞曼效应仍是研究能级结构的重要方法之一。正常塞曼效应可用经典理论给予很好的解释；而反常塞曼效应却不能用经典理论解释，只有用量子理论才能得到满意的解释。塞曼效应的产生是原子磁矩和外加磁场作用的结果。平行和垂直于磁场方向时的塞曼效应对于 $\Delta m=+1$，原子在磁场方向的角动量减少了一个，由于原子和光子的角动量之和守恒，光子具有与磁场方向相同的角动量，方向与电矢量旋转方向构成右手螺旋，称为 σ+偏振，是左旋偏振光。反之，对于 $\Delta m=-1$，原子在磁场方向的角动量增加了一个，光子具有与磁场方向相反的角动量，方向与电矢量旋转方向构成左手螺旋，称为 σ−偏振，是右旋偏振光。对于 $\Delta m=0$，原子在磁场方向的角动量不变，称为 π 偏振，是线偏振光。如果沿磁场方向观察，只能观察到 σ+和 σ−谱线的左旋偏振光和右旋偏振光，观察不到 π 偏振的谱线。如果在垂直于磁场方向观察，能够观察到原谱线分裂成3条：中间一条是 π 谱线，是线偏振光，偏振方向与磁场方向平行，σ+谱线和 σ−谱线分居两侧，同样是线偏振光，偏振方向与磁场方向垂直。反常塞曼效应只有自旋为单态，即总自旋为 0 的谱线才表现出正常塞曼效应。非单态的谱线在磁场中表现出反常塞曼效应，谱线分裂条数不一定是 3 条，间隔也不一定是一个洛伦兹单位。例如钠原子的 589.6 纳米和 589.0 纳米的谱线，在外磁场中的分裂就是反常塞曼效应。

洛伦兹

谱线塞曼效应的实际用途：由塞曼效应实验结果去确定原子的总角动量量子数 J 值和朗德因子 g 值，进而去确定原子总轨道角动量量子数 L 和总自旋量子数 S 的数值。由物质的塞曼效应分析物质的元素组成。逆塞曼效应实验中不仅可以观察到光谱发射线的塞曼效应，吸收线也会发生塞曼效应，这被称为逆塞曼效应。塞曼效应是继法拉第效应和克尔效应之后又一项反映光的电磁特性的效应。更进一步涉及了光的辐射机理，因此被人们看成是继 X 射线之后物理学最重要的发现之一。这一效应及时地得到了洛伦兹电子理论的解释，塞曼的结果与洛伦兹理论相符，不但是洛伦兹理论的一大成功，也使塞曼的工作很快得到公认。其后，1897 年，美国的迈克尔孙用他自己发明的干涉仪观察到光谱线在磁场中分裂为二重线。后来迈克尔孙又发明了分辨本领更高的阶梯光栅，他用阶梯光栅获得了更为精细的结果。英国

塞曼效应实验仪器

人普列斯顿紧接着对塞曼效应做了深入的研究工作。他在1898年发表的论文中详细说明了各种磁致分裂图像,并且指出洛伦兹理论不能完全解释塞曼效应。随后发现了普列斯顿定律。根据这条定律可以判定谱线的归属。德国人龙格和帕邢也对塞曼效应进行了大量的实验研究。1902年,他们列举了大量数据,说明磁致分裂之间存在某种共同的规律。1912年,帕邢和拜克发现在极强磁场中,反常塞曼效应又表现为三重分裂,叫做帕邢-拜克效应。由塞曼首先发现的光谱磁分裂现象竟然呈现出如此复杂的情况,实在是人们始料不及的。光谱在磁场作用下的上述现象都无法从理论上进行解释,此后二十多年一直是物理学界的一件疑案。

1921年,德国杜宾根大学教授朗德发表题为:《论反常塞曼效应》的论文,他引进一因子 g 代表原子能级在磁场作用下的能量改变比值,这一因子只与能级的量子数有关。1925年,乌伦贝克与歌德斯密特"为了解释塞曼效应和复杂谱线"提出了电子自旋的概念。1926年,海森伯和约旦引进自旋 S,从量子力学对反常塞曼效应做出了正确的计算。由此可见,塞曼效应的研究推动了量子理论的发展,在物理学发展史中占有重要地位。

塞曼简介

1865年5月25日出生于荷兰一个路德派教长的家里。1885年进入莱顿大学,曾经受教于昂纳斯和洛伦兹,后来还当过洛伦兹的助教,并与洛伦兹共事多年,因此对洛伦兹的电磁理论很熟悉。他的实验技术也很精湛。1892年曾因仔细测量克尔效应而获金质奖章。1893年获博士学位。他在研究磁场对辐射的影响时,得益于洛伦兹的指导和洛伦兹理论,从而发现了塞曼效应。1943年10月9日在荷兰的阿姆斯特丹逝世,享年78岁。

红宝石激光器的发明

执著坚持的科学成果

20世纪60年代,梅曼制成了世界上第一台红宝石激光器,他以闪光灯的光线照射进一根手指头大小的特殊红宝石晶体,创造出了相干脉冲激光光束,这一成果后来震惊了全世界。在全世界顶尖的实验室都争取第一个发明激光器的情况下,梅曼当时的雇主——洛杉矶休斯飞机公司获得了胜利。

红宝石激光器的工作物质是红宝石棒。在激光器的设想提出不久,红宝石就被首先用来制成了世界上第一台激光器。激光用红宝石晶体的基质是Al_2O_3,晶体内掺有约0.05%(重量比)的Gr_2O_3。Cr^{3+}密度约为7.22克/立方米。Cr^{3+}在晶体中取代Al^{3+}位置而均匀分布在其中,光学上属于负单轴晶体。在Xe(氙)灯照射下,红宝石晶体中原来处于基态E_1的粒子,吸收了Xe灯发射的光子而被激发到E_3能级。粒子在E_3能级的平均寿命很短。大部分粒子通过无辐射跃迁到达激光上能级E_2。粒子在E_2能级的寿命很长,可达3×10^{-3}秒。所以在E_2能级上积累起大量粒子,形成E_2和E_1之间的粒子数反转,此时晶体对频率ν满足$h\nu=E_2-E_1$(其中h为普朗克常数,E_2、E_1分别为激光上、下能级的能量)的光子有放大作用,即对该频率的光有增益。当增益G足够大,能满足阈值条件时,就在部分反射镜端有波长为6943×10^{-10}米的激光输出。红宝石激光器是一种输出波长为694.3纳米(红光)的脉冲器件。它具有输出能量大、峰值功率高、结构紧凑、使用方便等优点。目前已广泛应用于打孔划片、动态全息、信息存储等方面。固体红宝石激光器通常由工作物质、谐振腔、泵浦光源和聚光腔所组成。红宝石激光器以掺杂离子型绝缘晶体红宝石棒为工作物质。红宝石激光晶体是以刚玉(或称白宝石)单晶为基

激光器

一字线状激光器

质,掺入金属铬离子(Cr³⁺)为激活粒子所组成的晶体激光材料。呈淡红色,其掺杂浓度一般为0.05%(重量)。工作物质要求有较好的光学质量。在红宝石晶体中,Cr^{3+}的吸收带有两个,分别在410纳米和560纳米波长附近,吸收带宽度约为100纳米波长左右。红宝石激光器采用光激励,脉冲激光器中一般采用发光效率较高的脉冲氙灯。脉冲氙灯用石英管制成,两端用过渡玻璃封以钍钨电极,管内充以300~500Torr氙气。灯管由高压充电电源和高压触发器控制点燃。为了使光泵的光更集中地照射在激光棒上,常用的聚光腔有:圆柱面聚光腔、单椭圆柱面聚光腔、双椭圆柱面聚光腔。为提高对光线的反射率聚光腔常采用黄铜或不锈钢材料制成,内壁经抛光处理后镀银。红宝石激光器谐振腔多采用平行平面镜腔,全反射镜是反射率为99%以上的多层介质膜,输出镜透过率为50%以上。近年来,为了减小激光光斑尺寸,也有采用平凹腔结构的,全反射镜采用凹球面镜,其曲率半径约为腔长的3~4倍。在激光发明前,人工光源中高压脉冲氙灯的亮度最高,与太阳的亮度不相上下,而红宝石激光器的激光亮度,能超过氙灯的几百亿倍。因为激光的亮度极高,所以能够照亮远距离的物体。红宝石激光器发射的光束在月球上产生的照度约为0.02勒克斯(光照度的单位),颜色鲜红,激光光斑明显可见。若用功率最强的探照灯照射月球,产生的照度只有约一万亿分之一勒克斯,人眼根本无法察觉。激光亮度极高的主要原因是定向发光。大量光子集中在一个极小的空间范围内射出,能量密度自然极高。

梅曼在发表文章时并不顺利。他先把论文投到《物理评论快报》,但当时的编辑萨姆古德斯密特认为这只是又一篇"微波激射器"重复工作的文章,因此拒绝发表。后来梅曼终于将文章发表在《自然》杂志上。当然,经过多年的努力争取,梅曼的成就已经得到了广泛的承认。"梅曼设计"引起了科学界的震惊和怀疑,因为科学家们一直在注视和期待着的是氦氖激光器。尽管梅曼是第一个将激光引入实用领域的科学家,但在

汤 斯

物理故事·

梅曼

法庭上,关于到底是谁发明了这项技术的争论,曾一度引起很大争议。竞争者之一就是"激光"("受激辐射式光频放大器"的缩略词)一词的发明者戈登·古尔德。他在1957年攻读哥伦比亚大学博士学位时提出了这个词。与此同时,微波激射器的发明者汤斯与肖洛也发展了有关激光的概念。经法庭最终判决,汤斯因研究书面工作早于古尔德9个月而成为胜者。不过梅曼的激光器的发明权却未受到动摇。

梅曼的一生获得了无数的奖励。尽管1964年的诺贝尔物理学奖并没有授予发明了世界上第一台激光器的他,而是给了此前发明了微波激射器并提出激光器原理与设计方案的美国贝尔实验室物理学家汤斯和苏联物理学家巴索夫、普罗霍罗夫,但梅曼仍两次获得诺贝尔奖提名,并获得了物理学领域著名的日本奖和沃尔夫奖。他还于1984年被列入"美国发明家名人堂"。在《自然》杂志一百周年纪念的一本书中,汤斯将梅曼的论文称为该杂志100年来发表的所有精彩论文中"字字珠玑的最重要的一篇"。

物理链接 WU LI LIAN JIE **物理链接** WU LI LIAN JIE **物理链接** WU LI LIA

我国第一台红宝石激光器

1961年9月,中国第一台红宝石激光器在中国科学院长春光学精密机械研究所诞生,时间仅比国外晚一年,在结构上别具一格。它的出现引起了国内学术界的震惊,从根本上改变了光电子学研究的面貌。当时国家正值困难时期,尽管我们不是世界上第一次尝试制造,但除了原理性的一两篇文章之外,当时只看到过一两条新闻性的报道。长春光机所几乎从零开始建立了应用光学的技术基础,当中也包括一些重要工艺基础。这台激光器第一次试运是在1961年7月,并在1961年9月出光,输出能量为36 J/脉冲。新中国第一台红宝石激光器的研制成功,为我国激光技术开辟了一个新领域,激光技术从此越来越多地应用于国防和工农业生产中。

气泡室的发明

| 高能物理实验的探测设备 |

气泡室是探测高能带电粒子径迹的一种有效的手段,它曾在20世纪50年代以后一度成了高能物理实验的最风行的探测设备,为高能物理学创造了许多重大发现的机会。它是1952年美国人格拉塞发明的。获得了1960年度诺贝尔物理学奖。它曾给高能物理实验带来许多重大的发现,如新粒子、共振态、弱中性流等。

气泡室是由一密闭容器组成,容器中盛有工作液体,液体在特定的温度和压力下进行绝热膨胀,由于在一定的时间间隔内处于过热状态,液体不会马上沸腾,这时如果有高速带电粒子通过液体,在带电粒子所经轨迹上不断与液体原子发生碰撞而产生低能电子,因而形成离子对,这些离子在复合时会引起局部发热,从而以这些离子为核心形成胚胎气泡,经过很短的时间后,胚胎气泡逐渐长大,就沿粒子所经路径留下痕迹。如果这时对其进行拍照,就可以把一连串的气泡拍摄下来,从而得到记录有高能带电粒子轨迹的底片。照像结束后,在液体沸腾之前,立即压缩工作液体,气泡随之消失,整个系统就很快回到初始状态,准备做下一次探测。工作液体可用液氢或液氚,需在相当低的温度下工作;也可用液态碳氢有机物,如丙烷、乙醚等,可在常温下工作。大型气泡室容积可达20立方米。

气泡室的原理和膨胀云室有些类似,可以看成是膨胀云室的逆过程,但却更为简便快捷。它兼有云室和乳胶的优点。它和云室都可以按人们的意志在特定的时间间隔里靠特定的方法,以带电粒子为核心使气体凝结为液体,或者使液体蒸发形成

高能物理实验的探测设备

物理故事·

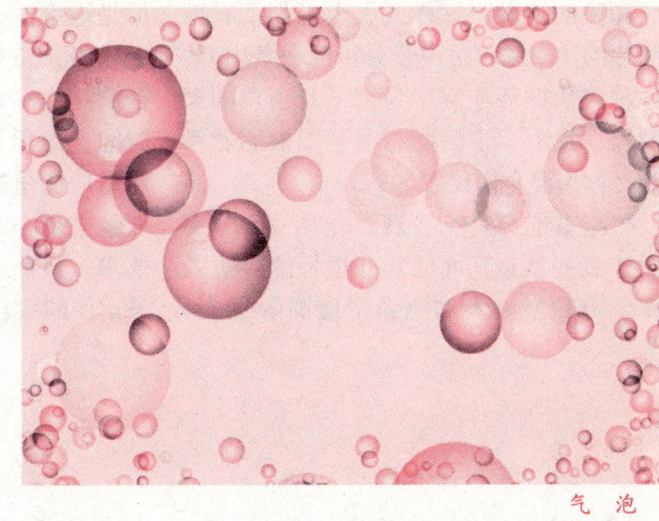

气泡

气泡，从而留下粒子的径迹。它和乳胶相同的地方在于工作物质本身即可当作靶子。后来由于物理实验的需要，在工作液体和规模等方面都有了很大的发展。因为基本粒子与质子（氢核）的相互作用最简单，容易得到明确的物理结果，所以研制出了液氢泡室。这在泡室技术和在物理上的应用都是极为关键的进步。氘核含有一个质子和一个中子，为了研究粒子与中子的相互作用，还研制出了液氘泡室（后来用液氘充到氢泡室中也得液氘泡室）。由于氦原子核的自旋和同位旋都是零，这时研究与自旋及同位旋有关的过程相当重要，所以又研制成了液氦泡室。氢、氘和氦泡室的一个共同特点是，都需要很低的工作温度（氢泡室的工作温度为-248.15~-244.15℃，氘泡室的工作温度比氢泡室的温度略低，为-268.2℃，氦泡室的工作温度最低，为-270.2~-269.2℃），所以它们又称为低温泡室。这种泡室要求有低温系统，所以技术难度较大。有些物理实验要求有效地记录光子和尽可能增加靶物质的厚度（例如做中微子实验就需要尽量多的靶物质），所以研制了一种重液泡室。这种泡室的工作液体通常是氟利昂及其混合物。这种泡室的工作温度与室温相近，不需要低温系统。氢泡室和重液泡室在物理实验上各有优缺点。氢泡室有提供纯质子靶的优点，但是记录γ光子及其他次级作用的效率较低，而重液泡室则正好相反。因此，后来研制了把两者结合起来的具有称为径迹灵敏靶的泡室。它是把充有液氢或液氘的透明的塑料容器作为靶子放到一个充有液氖和液氢混合物的泡室里同时进行膨胀，使得靶子内外部都能对径迹灵敏。粲粒子发现以后，为了测量其极短的寿命，需要提高径迹室的空间分辨率。所以，又研制了全息照相泡室。全息照可以直接给出三维的记录，它比普通照有大得多的景深范围，而且空间分辨率高一个数量级。同时，它还可以使探测器系统小型化。为了提高对加速器粒子束流的利用率及提高事例的积累速度，还研制了一种每秒可以循环十次以上的快循环泡室。由于产生胚胎气泡的热针在不到1微秒的时间内就扩散掉了，所以到目前为止，还不可能做到由计数器触发控制膨胀的泡室。但是，由于快电子学及在线计算器的快速发展，现在已经可能用闪烁计数器、切伦科夫计数器、多丝正比室、漂移室、穿越辐射探测器、光子探测器、量能器等电子学探测器组成的选择触发的逻辑系统对快循环泡室采用触发选择照和协助记录。这样就大大提高了有用照片的比率和可进一步分析的记录内容。这种以快循环泡室作为靶子及顶点的探测器,在上、下游配有电子学探测器系统,称为混合谱仪。

泡室本身具有直观、作用顶点(有时连衰变顶点)可见、有很好的多重效率、有效空间大和测量精度高等优点。但是泡室也有缺点,例如收集和分析数据较慢,特别是扫描、测量照片(虽然在利用自动化剂量装置的情况下)太费时间,体积不容易做得很大,因而不容易适应能量越来越高、要研究的作用截面越来越小、事例数要尽量多的实验的要求。目前正在发展着全息泡室与电子学谱仪的结合。

物理链接 WU LI LIAN JIE **物理链接** WU LI LIAN JIE **物理链接** WU LI LIA

格拉塞简介

格拉塞是美国物理学家、气泡室的发明者。他于1926年9月21日出生在美国俄亥俄州的克利夫兰,曾先后在美国凯西理工学院和加利福尼亚理工学院取得科学学士学位、哲学博士学位。1949~1959年,格拉塞受聘于美国密执安大学担任物理学教学与研究工作,1952年秋开始他的气泡室实验;1959年以后,转到加利福尼亚大学工作;1961年,担任国家科学基金委员会研究员;1961~1962年,担任古根海姆研究员;1962~1964年,格拉塞是伯克利加利福尼亚大学的一位有名的生物物理学家,从事生物物理的教学与研究。1964年以后,担任加利福尼亚大学物理学教授及分子生物学教授,现在伯克利加利福尼亚大学分子生物——病毒实验室任职,从事微生物、分子生物学和细胞生物学的研究。

物理故事·

世界首座裂变反应堆
原子时代的真正开端

裂变反应堆,是一种实现可控核裂变链式反应的装置。在核能事业中,它是最重要的装置之一,通常简称为反应堆或堆。1942年恩利克·费米领导的科学小组建成世界上第一座人工的裂变反应堆,首次实现了可控核裂变链式反应。开始阶段反应堆主要服务于军事目的,20世纪50年代中期以后世界上大量建造用于各种研究工作的反应堆,并开始建立用于发电的核电站。

1939年初,据李泽·梅特纳、奥特·哈尔姆和弗里茨·斯特拉斯曼报道,中子被吸收后有时会引起铀原子裂变。这项报道发表后,和其他几位主要的物理学家一样,费米立即认识到一个裂变的铀原子可以释放出足够的中子来引起一项链式反应,而且还和另外几位物理学家一样,费米马上就预见到这样的链式反应可用于军事目的潜在性。1939年3月,费米与美国海军界接触,希望引起他们对发展原子武器的兴趣。但是直到几个月后爱因斯坦就此课题给罗斯福总统写了一封信以后,美国政府才对原子能给予重视。那时候,同盟国的科学家虽然已经在讨论原子弹的可能,但是还没有正式开始进行制造的工作。后来由于同盟国在战事中一再失利,德国又开始禁止由他们占领捷克铀矿区的铀矿出口,使得同盟国意识到,德国可能已经在认真进行原子弹计划。不久,一位德国科学家傅吉出人意料地在德文科学期刊上,公开发表了一些德国核分裂研究的新近成果。这位科学家本来是故意突破当时德国尚未完全开始的信息封锁,让同盟国得知德国研究近况,但是同盟国科学家反倒因而误认为,如果德国能够发布这么多资料,那么他们真正的发展情况,恐怕还要更加先进,这就更加促使美国原子弹计划开始酝酿产生。匈裔科学家齐拉于是决定采取一些行动。首先他认为要能控制比属刚果的铀矿,于是请求和比利时皇家熟识的爱因斯坦帮忙,爱因斯坦欣然同意。接着他和银行家沙克斯共同具名拟就一信,准备敦促罗斯福总统在美国进行原子弹计划,

费米

国际热核聚变实验反应堆外观模型

为了增加这封信的分量,他们也要求爱因斯坦共同具名,爱因斯坦同意了。这一封有爱因斯坦共同具名的信函,确实是促成原子弹计划的一个关键因素,而这件事到战后曾使爱因斯坦相当的后悔。建立一个模式原子反应堆就成了科学家的首要任务,以探明自保持的链式反应是否确实可行。由于费米是世界上主要的中子权威,且集理论与实验天才于一身,所以被选为世界第一台核反应堆攻关小组组长。他最初在哥伦比亚大学工作,随后又到芝加哥大学工作。1941年底,费米在哥伦比亚大学主持建造了世界上第一座原子反应堆,实现了自持式链式反应,为制造原子弹迈出了决定性的一步。1942年12月2日,在芝加哥,由费米指导设计和制造出来的核反应堆首次运转成功。这是原子时代的真正开端,因为这是人类第一次成功地进行了一次核链式反应。试验成功的消息以意味深长的预言形式一下子就传到了东方:意大利航海家进入了新世界……随着这项实验的成功,政府即刻做出了全速开展曼哈顿工程计划的决定。费米在这项工程中作为一位主要的科学顾问,继续发挥着重要的作用。费米的主要贡献在于他在发明核反应堆中所起的重要作用。

十分显然,这项发明的主要功劳应归于费米。他最先对有关方面的基础理论做出了重大的贡献,随后又亲自指挥第一座核反应堆的设计和建造。

反应堆主要由以下几部分组成:(1) 核燃料。又称裂变材料。一般是浓缩铀,即提高了 U^{235} 成分的铀,也可以用天然铀,制成棒状,排列在堆芯,体积超过临界体积;(2) 减速剂。由于热中子对 U^{235} 的裂变截面较大,而裂变放出快中子,需要用减速剂将中子慢化,常用的减速剂是石墨或重水,快中子与它们做弹性碰撞,可很快减速成热中子;(3) 控制棒。插入堆芯能大量吸收中子,可使反应减慢或停止;反之,提出堆芯,反应则可加速进行。常用的控制棒是镉棒或硼钢棒,镉或硼对慢中子有很大的俘获截面;(4) 冷却剂。循环流过堆芯,从堆芯取出反应所产生的大量热能,再通过二级热交换器将热能传送到堆外供发电或作其他能源用,常用的冷却剂有加压的水或重水、氦或二氧化碳,或液态金属钠,它们具有较高的导热性能;(5) 反射层。一般情况下,堆芯周围设有反射层,把外逸的中子反射回堆芯,以减少中子的损失。反射层外是堆的壳体,壳体外面是防止射线伤害人体的混凝土保护墙;反应堆内还设有其他控制系统,以保证安全和调整功率。反应堆有多种用途,可提供大量的核能,用于动力发电或推动核潜艇等;可获得各种能量的中子流,进行核物理或其他方面的实验研究;可生产多种放射性核素;还可用来生产 Pu^{239}、U^{233} 等核燃料,将自然界相对含量较多的 U^{238} 和 Th^{232} 放在反应堆中用中子照射,生成复合核 U^{239}

物理故事·成长必读

费米实验室

和 Th^{233}，然后经过两次 β 衰变得到很好的裂变材料 Pu^{239} 和 U^{233}，等等。费米之所以成为重要人物，有以下几个原因：一是他是无可争议的 20 世纪最伟大的科学家，而且是为数不多的兼具杰出的理论家和杰出的试验家天才的人。他在其生涯中写了 250 多篇科学论文；二是费米在发明原子爆破方面是一个非常重要的人物，尽管别人在推动这项事业的发展上也起了同样重要的作用。

1945 年以来，原子武器从未用于战争。出于和平的目的，大量的核反应堆建成用来产生能源。在未来，反应堆将成为更重要的能源来源。此外，一些反应堆被用来生产有用的放射性同位素，用在医学和科学研究上。反应堆还是钚的一个来源，这是制造原子武器的一种材料。人们对核反应堆可能对人类产生危害存有害怕心理，但没人抱怨它是个无意义的发明。不管是好还是坏，费米的工作对未来世界产生了巨大的影响。

物理链接　WU LI LIAN JIE　物理链接　WU LI LIAN JIE　物理链接　WU LI LIA

给费米发错的诺贝尔奖

20 世纪 30 年代初，费米在铀的衰变产物中发现了一种原子序数为 93 的新元素，由此获得了诺贝尔物理学奖。就在这一年德国威廉皇家化学研究所的两位化学家哈恩和斯特拉斯曼，与女物理学家梅特涅合作，试验用慢中子轰击铀元素，而且用化学方法分离和检验核反应的产物，获得了令人难以置信的结果：铀核在中子的轰击下，分裂成大致相等的两半，它们不是 93 号新元素，而是 56 号元素钡。原子核的这一种变化现象过去还从未发现过。哈恩的实验推翻了费米的实验结果。显而易见，诺贝尔奖搞错了！听到这惊人的消息，费米的第一个反应是来到哥伦比亚大学实验室，利用那里较好的设备，重复了哈恩的试验，结果和哈恩的试验一样。这一事实，对费米来说无疑是难堪的。然而和人们的想象相反，费米坦率地检讨和总结了自己的错误判断，表现了一个科学家服从真理的高尚品质。

反质子的发现

精诚合作的科研成果

正电子的发现证实了狄拉克反粒子理论，一些理论物理学家开始认真对待这一理论。1934年泡利与克拉夫证明，即使不能形成稳定的负能粒子海，也会有相应的反粒子存在。于是人们就开始寻找其他粒子的反粒子。

早在1928年，狄拉克便预言了反质子的存在，但证实它的存在却花了二十多年的时间。根据狄拉克的理论，反质子的质量与质子相同，所带电荷相反，质子与反质子成对出现或湮没，用两个普通的质子碰撞便可获得反质子，但反质子的产生阈能为6.8GeV。1954年，在加利福尼亚大学的劳伦斯辐射实验室，建成了64亿电子伏的质子同步稳相加速器，这为寻找反粒子提供了条件。1955年，张伯伦和塞格雷用上述加速器证实了前一年人们所观测的反质子的存在。由于反质子出现的机会极少，大约每1000亿高能质子的碰撞，才能产生数量很少的反质子，因而证实反质子的存在极为困难。1955年他们这个实验小组测到60个反质子。由于偶然符合本底不大，记数系统虽不算好，但较为可信。

张伯伦1920年12月10日出生于美国加利福尼亚州的旧金山。他父亲是一位著名的放射学家，对物理学也很有兴趣。张伯伦在1941年从达特默斯学院

反质子收集器

毕业，进入伯克利加州大学当物理系研究生。由于第二次世界大战爆发，他停止了学业加入美国研制原子弹的机构——曼哈顿工程。在那里他在西格雷教授的指导下，一起研究核截面和重元素的自发裂变。后来他和西格雷一起转到新墨西哥的洛斯阿拉莫斯。1946年张伯伦于芝加哥大学在费米教授的指导下工作。他和费米一起进行慢中子在液体中的衍射实验。1948年，张伯伦开始在伯克利加州大学任教。1949年完成了博士论文。1958年升教授。他和西格雷等人合作做了质子——质子散射实验和极化效应的研究。1955年后，张伯伦参加设计了一系列实验以研究反质子与氢和

氚的相互作用、从反质子产生反中子，以及π介子散射等问题。1963～1964年，他和阿布拉冈各自独立地制成含有极化质子的靶，这种靶子可用于高能核反应。

西格雷1905年2月1日出生于意大利罗马的蒂沃利。父亲是工业家。他1922年进罗马大学学工程，1927年转物理系，当了费米教授的研究生，1928年从费米手里第一个获得博士学位。他在军队中短期服务后，到罗马大学当助教。1930年获基金资助到德国汉堡在斯特恩处和荷兰阿姆斯特丹在塞曼处做研究工作。回到罗马后，和费米一起研究中子的人工放射性。1938年到美国加利福尼亚州伯克利，在加州大学辐射实验室当助理研究员。西格雷的工作主要是在原子和核物理学方面。他早期研究原子光谱学，对禁戒谱线光谱学和塞曼效应做出过贡献。1940年，西格雷和佩利尔等人合作，发现了人工合成的新元素：锝、砹和钚239。1955年西格雷和张伯伦发现反质子标志着人类对反世界的认识又上了一个新的台阶，这是狄拉克理论的一个胜利，也是人工加速带电粒子所取得的又一项重大成果。自1951年能够产生介子的同步稳相加速器开始在芝加哥运转以后，那里的科学家就集中力量寻找各种基本粒子存在的证据。费米发现正π介子与质子的碰撞截面显出非常高的极大值。在这以后，人们在这一能区陆续发现了数百种新粒子。这时在伯克利辐射实验室，以劳伦斯为首的核物理学家们正在努力建造一种能量更高，规模更大的加速器——质子同步稳相加速器。他们的目标指向新的核子。电子的反粒子早已于1932年被发现，这就是正电子。根据狄拉克理论，人们一直在期望能发现反质子和反中子。只要简单地把狄拉克理论应用到质子，就可以预见到反质子的特性，电量和磁矩相等而反号，但是，斯特恩却发现质子的磁矩和狄拉克

狄拉克

理论的推算竟完全不同，这清楚地表明了，不能作简单的类比。从宇宙射线的观察虽然对此能有所启示，例如1947年海瓦德就曾报道过观察到类似的事例，却不能做出明确的结论。

1955年伯克利的质子同步稳相加速器的能量达到了6 GeV，相当于在质量中心可达2 GeV。这是要产生质子-反质子对所需的最小能量。人们正是按这要求设计这台大型加速器的。张伯伦-西格雷小组用这台设备把质子加速到6.2GeV，打到铜靶上，如果一切正常，应该能从出射束中检测到反质子。但是出射束是质子、中子和各种介子的混杂物。要从这堆亚原子的混杂物中检测出反质子却不是一件容易的事。它带负电，用磁场就可以从其在磁场中的偏转检验出来。但要确定其质量，却必须对它同

时测量两个独立的量：动量和能量（或速度和射程）。这一测量是用磁装置和在10米多远处安装的切连科夫计数器进行的。从照像乳胶所得的爆炸性核蜕变"星形"径迹记录，可以判断是反质子轰击原子核的事件，从而证明了反质子的存在。

张伯伦和西格雷的成功标志在于：他们能从包含有许多其他粒子的射束中鉴别出非常非常稀少的反质子。用磁场分析射束，3万个粒子中仅有一个是反质子，而用早期的装置每15分钟才能记录到一个反质子。当他们记录到40个事件在误差范围内显示有反质子之后，他们才肯定确实是发现了反质子。1956，考克等人也用计数器方法显示了反中子的存在。他们是用反质子轰击质子，在湮没过程中产生了中子和反中子。1958年又有人用π介子束使核乳胶记录到反Λ粒子。伯克利的阿尔瓦雷斯用氢泡室发现了反Σ粒子。这些新发现令人们相信，反物质是存在的，甚至还可能存在一个反世界。粒子和反粒子之间的对称性，成了物理学的一个新真理。对每个粒子都有其质量相同，电荷相反，奇异数相等也相反，自旋相等，磁矩相等和相反的反粒子。简而言之，所有的性质或是相同或是相反。

人们相信，如果用反质子和反中子代替原子核中的质子和中子的话，就得到一个反原子核。如果再配以反电子即正电子，就可形成反原子。再用反原子组成反分子，甚至可以构成反物质和在宇宙里存在反物质区。这一切仍然是一个神秘的未知世界。

物理链接 WU LI LIAN JIE **物理链接** WU LI LIAN JIE **物理链接** WU LI LIA

关于反质子的进一步探索

鲁比亚在正反质子对撞机上进行几百吉电子伏的对撞实验，发现了现代弱电统一理论所预言的传力子，因而获得1984年度诺贝尔奖物理学奖。1979年10月30日，美国科学家利用高空气球，测出了星际空间的反物质流。这是在地球上的实验室以外第一次发现反物质。美国新墨西哥州立大学的科学研究人员最近把60层楼高的充氦大气球放到35千米的高空。气球上装载了2.27吨重的高灵敏度科学探测器材，其中包括一个136.1千克重的低温超导磁体。气球在高空中飞行了8个小时，它的探测器的磁场测获了28个反质子。科学家们认为，这一发现对宇宙起源的研究将发生重要影响。

物理故事·

德谟克利特继承发展原子论
奠定现代原子科学发展的基石

德谟克利特在自然科学上最重要的贡献,是他继承和发展了留基伯的原子论,为现代原子科学的发展奠定了基石。原子是非常小的,不但肉眼看不出来,就是用显微镜也看不出来。那么在两千年前,原子论是怎么提出来的呢?其实上古时代的原子论不是科学理论,它只是一种哲学的推测。留基伯是古希腊爱奥尼亚学派中的著名学者,他首先提出物质构成的原子学说,认为原子是最小的、不可分割的物质粒子。原子之间存在着虚空,无数原子从古以来就存在于虚空之中,既不能创生,也不能毁灭,它们在无限的虚空中运动着构成万物。

德谟克利特是留基伯的学生,他继承并发展了留基伯的原子学说,指出宇宙空间中除了原子和虚空之外,什么都没有。原子一直存在于宇宙之中,它们不能被从无中创生,也不能被消灭,任何变化都是它们引起的结合和分离。原子在数量上是无限的,在形式上是多样的。在原子的下落运动中,较快和较大的撞击着较小的,产生侧向运动和旋转运动,从而形成万物并发生着变化。一切物体的不同,都是由于构成它们的原子在数量、形状和排列上的不同造成的。原子在本质上是相同的,它们没有"内部形态",它们之间的作用通过碰撞挤压而传递。根据这样的理论,德谟克利特还提出了他的天体演化学说,即在一部分原子由于碰撞等原因形成的一个原始旋涡运动中,较大的原子被赶到旋涡的中心,较小的被赶到外围。中心的大原子相互聚集形成球状结合体,即地球。较小的水、气、火原子,则在空间产生一种环绕地球的旋转运动。地球外面的原子由于旋转而变得干燥,最后燃烧起来,变成各个天体。德谟克利特的原子论里没有神存在的空间,他认为原始人在残酷而奇妙的自然现象面前感到恐惧,再加上知识的匮乏,只有臆造出神来解释一切的未知。其实,除了永恒的原子和虚空外,从来就没有不死的神灵。他甚至认为,人的灵魂也是由最活跃、最精微的原子构成的,因此它也是一种物体。原子分离,物体消灭,灵魂当然也随之消灭。德谟克利特发展了留基伯的

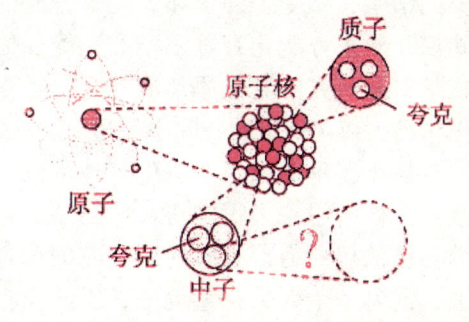

化学原子论和经典物理学上的原子

学说，他的原子论后来又被伊壁鸠鲁和克莱修所继承，再后来被道尔顿所发展，从而形成了近代的科学原子论。但是，他在继承留基伯的原子说时，也延续了留基伯原子不可分的思想，从而留下了永久的遗憾。德谟克利特是这样用原子论解释认识论问题的：从事物中不断流溢出来的原子形成了"影像"，而人的感觉和思想就是这种"影像"作用于感官和心灵而产生的。这就是他的"影像说"。他还区分了感性认识和理性认识。认为感性认识是认识的最初级阶段，人的感官并不能感知一切事物，例如原子和虚空就不能为感官所认识，当感性认识在最微小的领域内不能再看、再听、再嗅、再摸的时候，就需要理性认识来帮助，因为理性具有一种更精致的工具。

德谟克利特所生活的时代，主要是公元前440年后，即希波战争结束后希腊奴隶制社会最为兴旺、科学学术活动欣欣向荣的伯里克利时代。他早年一度经商，但由于他童年的教育，使他淡泊名利和学位，他的教师是有学问的波斯术士与加勒底的星相家。德谟克利特出生在希腊东北方的工业城市阿布德拉的一个富商之家。德谟克利特从小就见多识广。小时候，他作过波斯术士和星象家的学生，接受了神学和天文学方面的知识，对东方文化有着浓厚的兴趣。他在学习和研究的时候非常的专心，经常把自己关在花园里的一间小屋里。一次，父亲从小屋里牵走了一头牛，他都没有察觉。他的想象力很丰富，并且刻意培养自己的想象力，有时他到荒凉的地方去，或者一个人呆在墓地里，以激发自己的想象。德谟克利特长大后，来到雅

德谟克利特

典学习哲学。后来又到埃及、巴比伦、印度等地游历，前后长达十几年。他在埃及居住了五年，向那里的数学家学习了三年几何。他曾在尼罗河的上游逗留，研究过那里的灌溉系统。在巴比伦，他向僧侣学习如何观察星辰，推算日食发生的时间。回到故乡阿布德拉后，他担任过该城的执政官。在繁忙的政务之余，他始终没有放弃追求哲学和自然科学知识，并且在艺术方面也有了一定的造诣。

西方文艺复兴后，自然科学的研究日益受到人们的广泛重视，以牛顿力学体系的建立为标志，自然科学进入了一个辉煌的发展时期。由于法国学者伽森第等人的努力，德谟克利特等人的原子论在17世纪得以复活。然而，此时原子论者感兴趣的问题已经不是设想如何组成世界，而是如何在原子论的基础上建立起物理学和化学的基本理论。受到当时力学思维盛行的影响，笛卡尔否认原子的不可分割性，他认为最初的宇宙由大小相同的粒子组成，这些粒子沿封闭曲线形成旋涡，结果造成今天的宇宙基本上由三种不同的粒子组成，这些粒子的性质可由质量、速度和运动的量等进行定量的描述。博斯科维奇则试图以没有大小、只有力学作用的原子模型来说

明所有已知的物理现象，这为后来的气体分子运动论打下了基础。然而大多数科学家对原子论的主要兴趣是在化学方面，他们认为原子本身不可发生改变，原子在被纳入更大的单元时，只是采取简单的并列方式。塞诺特已经清楚地区分了基本原子和经过组合而成的原子。玻意耳遵循同样的思路，认识到组合而成的原子是以化学意义上的基本粒子的方式起作用。他在1661年出版了化学史上非常著名的《怀疑派的化学家》一书，用气体是像小弹簧似的粒子的聚集体的概念来解释气体的各种物理现象。近代原子论的建立中，英国伟大的科学家道耳顿做出了不可磨灭的贡献，他通常被看成是科学原子论之父。他把玻意耳、拉瓦锡的研究成果，即化学元素是那种用已知的化学方法不能进一步分析的物质，同原子论的观点结合起来。他提出，有多少种不同的化学元素，就有多少种不同的原子；同一种元素的原子在质量、形态等方面完全相同。他还强调查清原子的相对重量以及组成一个化合物"原子"的基本原子的数目极为重要。关于原子组成化合物的方式，道耳顿认为这是每个原子在牛顿万有引力作用下简单地并列在一起形成的。在化学反应后，原子仍保持自身不变。尽管现代科学的发展在一定程度上修正了原子本身的物理不可分和万有引力将原子连接在一起的观点，但是道耳顿对原子的定义却被广泛地接受下来。

在德谟克利特之前，哲学和美学大都建立在研究大自然上（前苏格拉底时代）。而他，却转向社会、转向人。跨出了一大步。他的原子理论虽然存在着错误和不完善，但对后世物质理论的形成仍具有先导作用。即使在今天德谟克利特的学说仍在起作用，可以说没有他就没有现代自然科学。他被后人誉为第一位"百科全书式的人物"

德谟克利特的主要思想

德谟克利特认为万物的本源是原子与虚空。原子是一种最后的不可分的物质微粒。宇宙的一切事务都是由在虚空中运动着的原子构成。所谓事物的产生就是原子的结合。原子处在永恒的运动之中，即运动为原子本身所固有。虚空是绝对的空无，是源于运动的场所。原子叫做存在，虚空叫做非存在，但非存在不等于不存在，只是相对于由充实的原子而言，虚空是没有充实性的。所以非存在与存在都是实在的。世界是由原子在虚空的旋涡运动中产生的。宇宙中有无数个世界在不断的生成与灭亡。人所存在的世界，无非是其中正在变化的一个。所以他声称：人是一个小宇宙。

瑞利出版《声学原理》
奠定近代声学的基础

世界上最早的声学研究工作主要在音乐方面。《吕氏春秋》记载,黄帝令伶伦取竹作律,增损长短成十二律;伏羲作琴,三分损益成十三音。三分损益法就是把管(笛、箫)加长1/3或减短1/3,这样听起来都很和谐,这是最早的声学定律。传说在古希腊时代,毕达哥拉斯也提出了相似的自然律,只不过是用弦作基础。

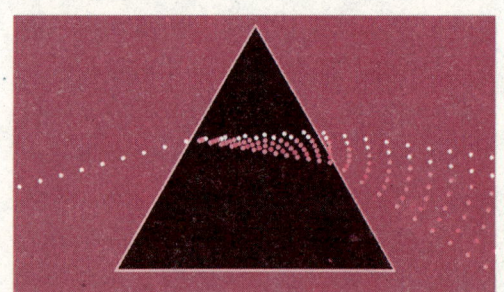

三棱锥模型演示光的散射

1957年在中国河南信阳出土了蟠螭文编钟,它是为纪念晋国于公元前525年与楚作战而铸的。其音阶完全符合自然律,音色清纯,可以用来演奏现代音乐。1584年,明朝朱载堉提出了平均律,与当代乐器制造中使用的乐律完全相同,但比西方早提出300年。古代除了对声传播方式的认识外,对声本质的认识也与今天的完全相同。东西方都认为声音是由物体振动产生的,在空气中以某种方式传到人耳,引起人的听觉。这种认识现在看起来很简单,但是从古代人们的知识水平来看,却很了不起。例如,很长时期内,古代人们对日常遇到的光和热就没有正确的认识,一直到牛顿的时代,人们对光的认识还有粒子说和波动说的争执,且粒子说占有优势。至于热学,"热质"说的影响时间则更长,直到19世纪后期,恩格斯还对它进行过批判。对声学的系统研究是从17世纪初伽利略研究单摆周期和物体振动开始的,直到19世纪,几乎所有杰出的物理学家和数学家都对研究物体的振动和声的产生原理作过贡献,而声的传播问题则更早就受到了注意,几乎二千年前,中国和西方就都有人把声的传播与水面波纹相类比。1635年有人用远地枪声测声速,以后方法又不断改进,到1738年巴黎科学院利用炮声进行测量,测得结果折合为0℃时声速为332米/秒,与目前最准确的数值331.45米/秒只差0.15%,这在当时"声学仪器"只有停表和人耳的情况下,的确是了不起的成绩。

牛顿在1687年出版的《自然哲学的数学原理》中推理:振动物体要推动邻近媒质,后者又推动它的邻近媒质等,经过复杂而难懂的推导,求得声速应等于大气压与密度之比的二次方根。欧拉在1759年根据这个概念提出更清楚的分析方法,求得牛顿的结果。但是据此算出的声速只有288米/秒,与实验值相差很大。达朗贝尔于1747年首次导出弦的波动方程,并预言可用于声波。直到1816年,拉普拉斯指出只有在空气温度不变时,牛顿对声波传导的推导才正确,而实际上在声波传播中空气密度变化很快,不可能是等温过程,而应该是绝热过程。因此,声速的二次方应是大气压乘以比热容比(定压比热容与定容比热容的比)与密度之比,据此算出声速的理论值与实验值就完全一致了。直到19世纪末,接收声波的"仪器"还只有人耳。人耳能听到的最低声强大约是10^{-12}瓦/平方米,在1000Hz时,相应的空气质点振动位移大约是10pm(10^{-11}米),只有空气分子直径的十分之一,可见人耳对声的接收能力确实惊人。19世纪中就有不少人耳解剖的工作和对人耳功能的探讨,但至今还未能形成完整的听觉理论。目前对声刺激通过听觉器官、神经系统到达大脑皮层的过程有所了解,但这过程以后大脑皮层如何进行分析、处理、判断还有待进一步研究。音调与频率的关系明确后,对人耳听觉的频率范围和灵敏度也都有不少的研究。发现著名的电路定律的欧姆于1843年提出,人耳可把复杂的声音分解为谐波分量,并按分音大小判断音品的理论。在欧姆声学理论的启发下,人们开展了听觉的声学研究(以后称为生理声学和心理声学),并取得了重要的成果,其中最有名的是亥姆霍兹的《音的感知》。在封闭空间(如房间、教室、礼堂、剧院等)里面听语言、音乐,效果有的很好,有的很不好,这引起今天所谓建筑声学或室内音质的研究。但直到1900年赛宾得到他的混响公式,才使建筑声学成为真正的科学。

声在大气中的折射是最早引起人们注意的声学现象之一,对它的研究始于声学的萌芽阶段。为了澄清当时流传的"英国的听闻情况比意大利的好"这一说法,英国牧师德勒姆于1704年同意大利人韦朗尼以实验证明:在适当考虑风的影响之后,这两国的声传播情况并没有什么差别。由此开创了大气声学领域。但是直到19世纪后半叶,大气声学才继续得到发展。19世纪中叶以后,物理学家雷诺、斯托克斯和廷德耳等人分别对风、风梯度和温度梯度的声折射效应,以及大气起伏对声的散射进行了研究。瑞利在其1877年出版的巨著《声学原理》中,对包括这些工作在内的声学研究成果在理论上给予了全面的总结和提高。

瑞利的研究工作始于电学,此后又更多地研究声学和光学,如研究声学中

瑞利

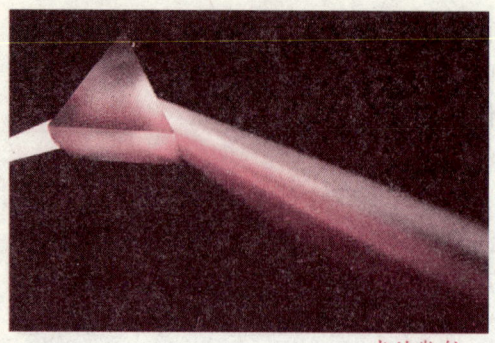
光的散射

的共振理论。1877～1878年写成科学名著《声学原理》两卷，为近代声学奠定了基础。他对"天空为什么呈蓝色"作了理论解释，导出了分子散射公式（瑞利散射定律，见光的散射）。他进行了光栅分辨率和衍射的实验研究，第一个对光学仪器的分辨率给出明确的定义，对光谱学的研究起了重要作用。他首次精确测定了气体密度，1895年发现从液态空气中分馏出来的氮，与从亚硝酸铵中分离出来的氮，有极小的密度差异。这一事实导致空气中的一个稀有元素——氩的发现，因而获得1904年诺贝尔物理学奖。瑞利在1900年得出一个关于热辐射的公式，在长波区域，同实验符合得很好，为量子论的出现准备了条件。1872年，他因严重的风湿病不得不去埃及和希腊过冬，同时开始写另外两卷《声学原理》。这部物理学上不朽的名著一直写了六年，直到1877年第一卷才出版。

瑞利是注重严格定量研究的物理学家。例如他测量气体密度时，想到玻璃容器受大气压的影响，在充满气体和抽成真空时体积是不一样的，因而所受空气的浮力也是不一样的。他将这微小的差别计算在内，可见他的实验作风极为严谨，对研究结果要求极为精确。由他测定的气体密度值，经过了一百多年，有些还在使用。这种追求至真的作风使得他在测定氮气密度时发现并抓住了"千分位的误差"，从而与拉姆塞共同发现了氩。1905年，瑞利当选为英国皇家学会主席。从1908年直到1919年去世，他都是剑桥大学的名誉校长。

物理链接 WU LI LIAN JIE **物理链接** WU LI LIAN JIE **物理链接** WU LI LIA

大气声学的内容及应用

声波在大气中传播时同大气相互作用而产生的各种声波传播效应，主要包括衰减、吸收、散射、折射和频散等。研究大气中声波传播规律，可为各类大气中的声学工程提供基础；还可用来探测大气结构和研究大气物理过程，特别是研究边界层结构、强对流的发生发展，以及上下层大气耦合过程等。这方向的研究正和大气重力波等各类波动过程的研究密切结合。

物理故事

中子的发现
开创核能利用的新时代

原子是由带正电荷的原子核和围绕原子核运转的带负电荷的电子构成。原子的质量几乎全部集中在原子核上。起初，人们认为原子核的质量应该等于它含有的带正电荷的质子数。可是，一些科学家在研究中发现，原子核的正电荷数与它的质量居然不相等。也就是说，原子核除去含有带正电荷的质子外，还应该含有其他的粒子。那么，那种"其他的粒子"是什么呢？解决这一物理难题、发现那种"其他的粒子"是"中子"的，就是著名的英国物理学家詹姆斯·查德威克。

查德威克发现中子的5年前，科学家玻特和贝克用α粒子轰击铍时，发现有一种穿透力很强的射线，他们以为是γ射线，未加理会。韦伯斯特甚至对这种辐射做过仔细鉴定、看到了它的中性性质，但对这种现象难于解释，因而未再继续深入研究。居里夫人的女儿艾伦娜·居里和她的丈夫也曾在"铍射线"的边缘徘徊，最终还是与中子失之交臂。查德威克1891年出生在英国柴郡，曼彻斯特维多利亚大学毕业。中学时代并未显现出过人天赋。他沉默寡言，成绩平平，但坚持自己的信条：会做则必须做对，一丝不苟；不会做又没弄懂，绝不下笔。因此他有时不能按期完成物理作

查德威克发现中子的实验仪器

业。而正是他这种不骛虚荣、实事求是、"驽马十驾，功在不舍"的精神，使他在科学研究事业中受益一生。进入大学的查德威克，迅即由于基础知识的扎实而在物理研究方面崭露超群才华。他被著名科学家卢瑟福看中，毕业后留在曼彻斯特大学物理实验室，在卢瑟福指导下从事放射性研究。两年后，由于他的"α射线穿过金属箔时发生偏离"的成功实验，获英国国家奖学金。正当他的科研事业初露曙光之际，第一次世界大战把他投入了平民俘虏营，直到战争结束，他才获得自由，重返科研岗位。1923年，他因原子核带电量的测量和研究取得出色成果，被提升为剑桥大学卡文迪许实验室副主任，与主任卢瑟福共同从事粒子研究。1931年，约里奥·居里夫妇——居里夫人的女儿和女婿公布了他们关于石蜡在"铍射线"照射下产生大

量质子的新发现。查德威克立刻意识到,这种射线很可能就是由中性粒子组成的,这种中性粒子就是解开原子核正电荷与它质量不相等之谜的钥匙!查德威克立刻着手研究约里奥·居里夫妇做过的实验,用云室测定这种粒子的质量,结果发现,这种粒子的质量和质子一样,而且不带电荷。他称这种粒子为"中子"。中子就这样被他发现了。他解决了理论物理学家在原子研究中遇到的难题,完成了原子物理研究上的一项突破性进展。后来,意大利物理学家费米用中子作"炮弹"轰击铀原子核,发现了核裂变和裂变中的链式反应,开创了人类利用原子能的新时代。查德威克因发现中子的杰出贡献,获得1935年诺贝尔物理学奖。

中子的发现既从实验方面导致了中子核反应、核裂变等现象的研究、导致了核能利用的新时代,同时又从理论上导致了核结构与核力的研究并且解释了为什么许多化学元素会有不同原子质量的许多"同位素"存在。由此逐渐建立与发展了中子物理学这一分支。中子是研究核反应很好的轰击粒子,由于它不带电,即使能量很低,也能引起核反应。中子还在核裂变反应中起重要作用。电中性的中子不能产生直接的电离作用,无法直接探测,只能通过它与核反应的次级效应来探测。1930年发现用α粒子轰击铍时会产生一种看不见的贯穿能力很强的不带电粒子,查德威克进一步研究证明了这种粒子质量与质子相差不多的不带电粒子是卢瑟福曾经预见的中子。中子是构成物质原子核的基本粒子之一,它的质量与质子相同。中子不带电,从原子核分裂出来的中子很容易进入原子核,人们利用中子的这个特性,用它轰击原子核来引出核子反应。这就是中子弹。中子弹爆炸时释放大量的高能中子,是以高能中子辐射为主要杀伤的小型氢弹。我们知道,每一种武器都具有核辐射、冲击波、光辐射等杀伤力,中子弹也有核武器的这些特性,但是中子弹的杀伤特性主要不是在这些方面,中子弹主要是靠中子的辐射起到杀伤作用,它可以在有效的范围内杀伤坦克装甲车辆或建筑内的人员。如果有一个100吨TNT(即黄色炸药)当量的中子弹,在距离爆炸中心800米的核辐射剂量是同等当量的裂变核武器的几十倍,但是它爆炸时产生的冲击波对建筑物的破坏半径只有300~400米。也就是说,如果有一枚千吨级当量的中子弹在战场上爆炸,那么800米范围内的人员会被杀伤,被杀伤的人员并不是马上死去,而是慢慢地非常痛苦地死去,受伤者最长可以拖过7天的时间。在中子弹爆炸的300米范围之外的建筑和设施,可以毫发不损,可是建筑物中的人员却不能幸免于难。中子弹的这种特性,很适合在战场

查德威克

物理故事·

中子弹爆炸

上作为战术核武器使用。

中子核反应是指中子同原子核相互作用引起的核反应。中子的重要特征是不带电，不存在库仑势垒的阻挡，这就使得几乎任何能量的中子同任何核素都能发生反应，在实际应用中，低能中子的反应起更重要的作用。中子核反应在研究核结构和核反应机制及核能利用中占重要地位。

物理链接 WU LI LIAN JIE 物理链接 WU LI LIAN JIE 物理链接 WU LI LIA

查德威克生平

查德威克，英国实验物理学家，1891年生于英国柴郡，1911年以成绩优异毕业于曼彻斯特维多利亚大学，随即留校在卢瑟福指导下进行放射性研究并取得硕士学位。1913年到德国柏林在盖革指引下继续研究放射性。第一次世界大战开始后作为"敌侨"被关入德国战俘营，在这里他仍在继续研究"在光照射下光气的生成"等物理实验。1919年，入英国剑桥大学从事 α 粒子人工轰击各种元素的试验。1935~1948任利物浦大学教授。1939~1943年参加英国及美国"曼哈顿"工程原子弹研究，获得多种荣誉。1935年获诺贝尔物理学奖。1974年7月24日逝世。

回旋加速器的发明

"轰碎原子"的装置

欧内斯特·劳伦斯出生在南达科他州的坎顿。他的祖父是一位来自挪威的教师。在挪威的特勒马克市，劳伦斯家族以"脑瓜特灵"而知名。劳伦斯的父亲卡尔在美国完成了大学教育，他的母亲冈达也是挪威移民，出生于一个有艺术传统的世家。南达科他州是一个辽阔的大草原。劳伦斯在当地上小学。这时，他就喜欢捣弄电气、矿石收音机，并自制电报机。中学时，他是一个无线电迷，热衷于无线通信和电路实验。1922年毕业于南达科他大学，后来继续在明尼苏达大学、芝加哥大学和耶鲁大学深造。1925年在耶鲁大学获哲学博士学位，1926年又获南达科他大学科学博士学位。

劳伦斯一生从事加速器技术、核物理及其在生物学和医学应用方面的研究。1928年美国物理学家伽莫夫提出，可以用质子代替α粒子作为轰击物来实现人工核反应。由氢原子电离而得到的质子能量很小，需要通过电场或磁场进行加速，以保证作为"炮弹"的质子获得足够高的能量。于是，各种类型的粒子加速器逐步发展起来。1929年劳伦斯提出磁共振加速器（即回旋加速器）的构造原理，即利用一个均匀磁场，使加速粒子沿螺旋形路径运动。在运动平面内，

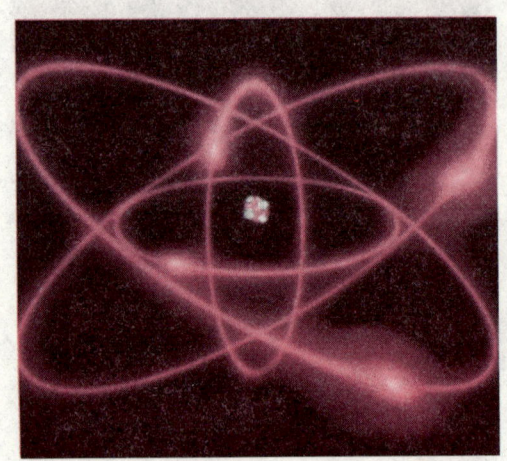

原子

粒子将越过一个加速间隙，间隙里有一外加射频电场，其变化频率与离子旋转频率同相，以保证粒子每一次通过加速区时都能得到加速。1932年，劳伦斯和他的学生埃德尔森和利文斯顿建成了第一台回旋加速器（直径只有27厘米，可以拿在手中，能量可达 1MeV）并开始运行。后来，在劳伦斯的领导下，在美国建成了一系列不同的回旋加速器。20世纪40年代初，这类加速器的能量达到40MeV，远远超过了天然放射源的能量。可以用于加速质子、α粒子和氘核，由此发现了许多新的核反应，产生了几百种稳定的和放射性的同位素。回旋加速器对核裂变及核力的研究起着特别重要的作用。第二次世界大战前，欧洲的许

物理故事·

多犹太科学家为躲避纳粹迫害，纷纷迁居美国。他们的贡献为美国科学界增光添彩。世界上第一颗原子弹和氢弹的制造成功，有爱因斯坦、费米、西拉德、特勒等科学家相当大的贡献。然而，美国本土也培育成长了许多科学家，他们的成就与欧洲学者交相辉映。除了领导曼哈顿工程制造原子弹的奥本海默外，劳伦斯是其中最优秀的一个。由于家境不富裕，劳伦斯曾尝试卖铝制品和收音机赚钱，但收益不大。后来，劳伦斯进入芝加哥大学的赖森物理实验室工作。在那里，他结识了犹太物理学家雅各布森，获益良多。劳伦斯勤奋工作，成绩显著，在美国物理学界已经小有名气。许多名牌大学都邀请他任教，条件十分优厚。劳伦斯在耶鲁大学度过一段美好的时光。加州大学伯克利分校给了他十分有利的教学环境和实验设备。劳伦斯在1928年到西海岸开始新的工作和生活。在加州大学，他的工作激情感染了大学生们和同行，一位同事回忆说："他给人的印象是从手指到全身都充满了活力，无论走到哪里，这气氛就带到哪里。"

1929年，劳伦斯从一篇文献上读到两只电子管用同步的方法给钾离子升压的报道，受到了很大的启发。他想，难道不能用排成一列的更多的电子管同步升压，使带电粒子获得更高的电压吗？他非常激动的不断计算，发现直列式升压后部的电子管体积功率都十分巨大。如果能组成一个环形，让带电粒子在圆环的每个电子管中同步升压，将能达到几百万电子伏的高压。如果再用电磁铁把离子束缚在圆环里，那么，这个装置

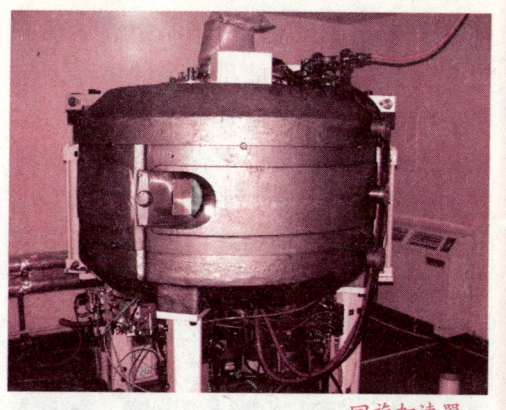
回旋加速器

将成为物理学中前所未有的利器，什么高能粒子的实验都可以在它中间完成了。劳伦斯兴奋不已。这个装置如此简单、有效、高能，为什么前人就没有想到呢？当别人核实他的计算并问这个装置有什么用时，他回答说："我要用它来轰碎原子。"当时世界物理学研究的兴趣已集中到小小的原子核上，要想揭开原子中的秘密必须击碎原子，而要击碎它必须以连续不断的、强度惊人的带电粒子流

劳伦斯和回旋加速器

75

对原子进行撞击才行。当时物理学家丁顿曾设想建造一种能量很高的仪器，使原子核发生像太阳内部核反应一样的反应。根据这些想法，劳伦斯开始研制回旋加速器。劳伦斯发挥惊人的想象力，不久他就提出了加速器的原理并制出模型。但当时很多学者认为这种东西在理论上是成熟的，但要想使它变成现实则是不容易的。劳伦斯不信这些泄气的论调，终于，他研制的世界上第一台回旋加速器问世。接着，劳伦斯又造出了一台可以把质子加速到1.2百万电子伏的新的回旋加速器。

劳伦斯在物理学研究中取得的成就是了不起的，然而他没有忘记自己走上物理学研究道路的领路人——独具慧眼

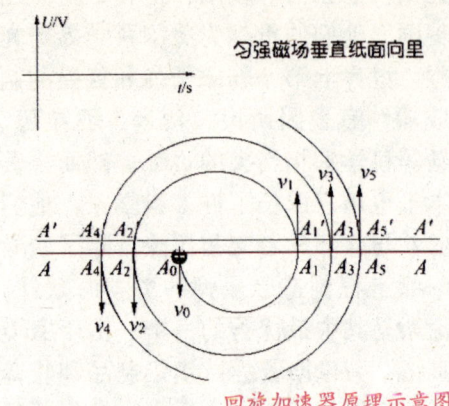

回旋加速器原理示意图

的阿克利教授。毕业20年以后，劳伦斯特意举办了盛大的招待会表示对启蒙老师的感激之情。他说："我得以在这美好的领域辛勤工作，应归功于受人尊敬的院长阿克利教授的启示。"

物理链接　WU LI LIAN JIE　　物理链接　WU LI LIAN JIE　　物理链接　WU LI LIA

回旋加速器的发展

2006年6月23日，中国首台西门子eclipseHP/RD医用回旋加速器在位于广州军区总医院内的正电子药物研发中心正式投入临床运营。eclipse HP/RD采用了深谷技术、靶体及靶系统技术、完全自屏蔽等多项前沿技术，具有高性能、低消耗、高稳定性的优点。回旋加速器是产生正电子放射性药物的装置，该药物作为示踪剂注入人体后，医生即可通过PET/CT显像观察到患者脑、心、全身其他器官及肿瘤组织的生理和病理的功能及代谢情况。所以PET/CT依靠回旋加速器生产的不同种显像药物对各种肿瘤进行特异性显像，达到对疾病的早期监测与预防。

W 物理猜想
WU LI CAI XIANG

当今世界十大物理难题

需要两千年思考的物理学难题

当代物理学家们挑选出了十个最匪夷所思的物理学问题,解答这些问题足够让他们忙上100年。尽管没有任何悬赏,不过,对任何一个问题的解答差不多都能获得诺贝尔奖。

(一)表达物理世界特征的所有(可测量的)参数原则上是否都可以推算,或者是否存在一些仅仅取决于历史或量子力学偶发事件,因而也是无法推算的参数。爱因斯坦的表述更为清楚:上帝在创造宇宙时是否有选择?想象上帝坐在控制台前,准备引发宇宙大爆炸。"我该把光速定在多少?""我该让这种名叫电子的小点带多少电荷?""我该把普朗克常数——即决定量子大小的参数——的数值定在多大?"他是不是为了赶时间而胡乱抓来几个数字?抑或这些数值必须如此,因为其中深藏着某种逻辑?

(二)量子引力如何解释宇宙起源?现代物理学的两大理论是标准模型和广义相对论。前者利用量子力学来描述亚原子粒子以及它们所服从的作用力,而后者是有关引力的理论。很久以来,物理学家希望合二为一,得到一种"万物至理",即量子引力论,以便更深入地了解宇宙,包括宇宙是如何随着大爆炸自然地诞生的。实现这种融合的首要候选理论是超弦理论,或者叫M理论——这是其名称的最新"升级版",M代表"魔法"、"神秘"或"所有理论之母"。

(三)质子的寿命有多长,如何来理解?以前人们认为质子与中子不同,它永远不会分裂成更小的颗粒。这曾被当成真理。然而在20世纪70年代,理论物理学家认识到,他们提出的各种可能成为"大一统理论"——该理论把除引力外的所有作用力汇于一炉——的理论暗示:质子必须是不稳定的。只要有足够长的时间,在极其偶然的情况下,质子是会分裂的。办法是捕捉到正在死去的质子。许多年来,实验人员一直在地下实验室中密切注视大型的水槽,等待着原子内部质子的死去。但迄今为止质子的死亡率是零,这意味着要么质子十分稳定,要么它们的寿命很长。

(四)自然界是超对称的吗?如果是,超对称性是如何破灭的?许多物理学家认为,把包括引力在内的所有作用力统一成为单一的理论要求证明两种差异极大的粒子实际上存在密切的关系,这种关系就是所谓的超对称现象。第一种粒子是费密子,可以把它们粗略地说成是物质的基本组件,就像质子、电子和中子一样。它们聚集在一起组成物质。另一种粒子是玻色子,它们是传递作用力的粒子,类似于传递光的光子。在超对称的条件下,每一个费密子都有一个与之对应的玻色子,反之亦然。物理学家有杜撰古怪名字的冲动,他们把所谓的超级对称粒子称为"Sparticle"。但由于在自然界中还没有观察到 Sparticle,物理学家还需要解释这种对称性"破灭"的原因:随着宇宙冷却并凝结成现在的这种不对称状态,在其诞生之际所存在的数学上的完美被打破了。

（五）为什么宇宙表现为一个时间维数和三个空间维数?这只是因为还没有想到一个可以接受的答案,只是因为除了上下、左右、前后,人们无法想象在更多的方向上运动。这并不意味着宇宙原本就是这样的。实际上,根据超弦理论,肯定还存在着另外六个维数,每一维都呈卷曲状,十分微小,因而无法察觉。如果这一理论是正确的,那么为什么只有这三个维数是伸展开来的,留给我们这个相对幽闭恐怖的空间呢?

（六）为什么宇宙常数有它自身的数值?它是否为零,是否真正恒定?直到最近,宇宙学家仍然认为宇宙是以一个稳定的速度在膨胀。但最近的观察发现,宇宙可能膨胀得越来越快。人们用一个叫宇宙常数的数字来描述这种轻微的加速。这个常数是否如人们早期所认为的那样是零,或者是一个非常小的数值,物理学家现在还无法做出解释。根据一些基本计算,这个常数应该很大——是我们观测结果的大约 10~122 倍。换句话说,宇宙应该以跳跃般的速度在膨胀。而实际情况并非如此,肯定有什么机制在压制这种作用。如果宇宙真是超对称性的,那宇宙常数就该被完全抵消掉。但这种对称性——如果确实存在的话——看来已经破灭。如果这个常数随

科学巨人爱因斯坦

时间的变化而变化的话,那情况就更加复杂了。

（七）M 理论的基本自由度是多少?这一理论是否真实地描述了自然?多年来,超弦理论最大的弱点是它有 5 个不同的版本。到底哪一个——如果有的话——描述了宇宙?反对这一理论的人最近已经接受了被称为 M 理论的最主要的 11 维理论框架。但情况却因此变得更加复杂。在 M 理论前,所有的亚原子粒子都被说成是由微小的超弦组成的。M 理论给组成亚原子的物质增加了一种叫做"膜"的更为神秘的物质,它就像生理学上的膜一样,但最多有 9 个维数度。现在的问题是,什么是更基本的物质组成单位,是膜组成了弦还是刚好相反?或者另外存在着一些更基本的物质单位,只是人们没有想到罢了?最后,这两种东西中是否有一种确实存在,或者 M 理论仅仅是一种迷人的大脑游戏?

（八）黑洞信息悖论的解决方法是什么?根据量子理论,信息——无论它描述的是粒子运动的速度还是油墨颗粒组成文件的确切方式——是不会从宇宙中消失

的。但物理学家基普·索恩、约翰·普雷希尔和斯蒂芬·霍金却提出了一个固定的假设：如果你把一本大不列颠百科全书扔进黑洞中去，将会发生什么事？宇宙中是否有其他同样的百科全书是无关紧要的。正如物理学中所定义的，信息并不等同于含义，信息仅指二进制的数字，或是一些其他的代码，它被用来精确地描述一个物体或一种方式。所以看起来那些特定的书本里的信息将被吞没，并永远地消失。但人们觉得这是不可能的。霍金博士和索恩博士相信那些信息确实消失了，而量子力学必须对此做出解释。普雷希尔博士推测信息其实并没有消失；它也许以某种形式显示于黑洞的表面，如同在一个宇宙中的银幕上。

（九）何种物理学能够解释基本粒子的重力与其典型质量之间的巨大差距？换而言之，为什么重力比其他的作用力(如电磁力)要弱得多？一块磁铁能够吸起一个回形针，即使整个地球的引力在把它往下拉。根据最近的一种说法，重力实际上要大得多。它仅仅是看上去比较弱而已，因为大部分重力陷入了某一个额外的维数度之中。如果我们可以用高能粒子加速器俘获全部的重力，也许就有可能制造出微型黑洞。虽然这看上去会引起固体垃圾处理业的兴趣，但这些黑洞很可能刚一形成就消失了。

（十）我们能否定量地理解量子色动力学中的夸克和胶子约束以及质量差距的存在？量子色动力学是描述强核子力的理论。这种力由胶子携带，它把夸克结合成质子和中子这样的粒子。根据量子色动力学理论，这些微小的亚粒子永远受到约束。你无法把一个夸克或胶子从质子中分离出来，因为距离越远，这种强作用力就越大，从而迅速地把它们拉回原位。但物理学家还没有最终证明夸克和胶子永远不能逃脱约束。他们也不能解释为什么所有能感受强作用力的粒子必须至少有一丁点儿的质量，为什么它们的质量不能为零。一些人希望 M 理论能提供答案，这一理论也许还能进一步阐明重力的本质。

物理链接　WU LI LIAN JIE　物理链接　WU LI LIAN JIE　物理链接　WU LI LIA

质 子

质子，一种常见的亚原子粒子，不是基本粒子而是合成粒子，属于费米子，是最早发现的一种重子，是原子核内部的核子之一。质子是1919年卢瑟福任卡文迪许实验室主任时，用α粒子轰击氮原子核后射出的粒子，命名为"proton"，这个单词是由希腊文中的"第一"演化而来的。卢瑟福被公认为质子的发现人。1918年他注意到在使用α粒子轰击氮气时他的闪烁探测器纪录到氢核的迹象。卢瑟福认识到这些氢核唯一可能的来源是氮原子，因此氮原子必须含有氢核。他因此建议原子序数为1的氢原子核是一个基本粒子。在此之前尤金·戈尔德斯坦就已经注意到阳极射线是由正离子组成的，但他没有能够分析这些离子的成分。

物理猜想·

物理学前沿八大难题

| 探索当今物理学的种种疑团 |

难题一：什么是暗物质？

我们能找到的普通物质仅占整个宇宙的4%。各种测算方法都证实，宇宙的大部分是不可见的。最有可能的暗物质成分是中微子或其他两种粒子（中性子和轴子）但这仅是物理学的理论推测，并未探测到。有科学家认为，这三种粒子都不带电，因此无法吸收或反射光，但其性质稳定，所以能从创世大爆炸后的最初阶面幸存下来。

难题二：什么是暗能量？

宇宙学最近的两个发现证实，普通物质和暗物质还不足以解释宇宙的结构。还有第二种成分，它不是物质而是某种形式的暗能量。这种神秘成分存在的一个证据，来源于对宇宙构造的测量。爱因斯坦认为，所有物质都会改变它周围时空的形状。因此，宇宙的总体形状由其中的总质量和能量决定。最近对大爆炸剩余能量的研究显示，宇宙有着最为简单的形状——扁平。这也反过来揭示了宇宙的总质量密度。但天文学家在将所有暗物质和普通物质的可能来源加起来之后发现，宇宙的质量密度仍少了2/3。

难题三：从铁到铀的重元素是如何形成的？

暗物质和可能的暗能量都生成于宇宙初始时期——氢、锂等轻元素形成的时候。较重的元素后来形成于星体内部，核反应使质子和中子结合生成新的原子核。比如说，四个氢核通过一系列反应聚变成一个氦核。这就是太阳产生能量的情况，它提供了地球需要的热量。当核聚变产生比铁重的元素时，就需要大量的中子。因此，天文学家认为，较重的原子形成于超新星爆炸过程中，其中有大量现成的中子，尽管其成因还不清楚。最近，一些科学家已确定，至少一些最重的元素，如金、铅等，是形成于更强的爆炸中，当两颗中子星——微型

暗能量

81

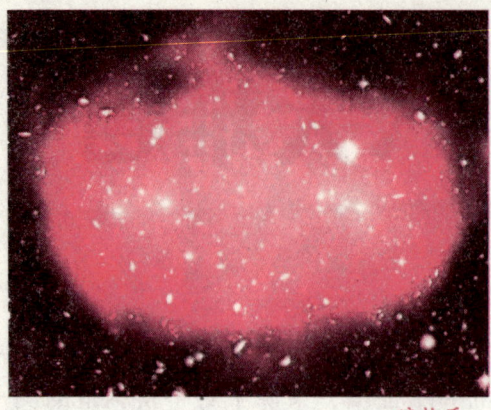

暗物质

的、燃烧后的星球遗骸——相撞塌陷成为黑洞时。

难题四：中微子有质量吗？

不久前，物理学家还认为中微子没有质量，但最近的进展表明，这些粒子可能也有些许质量。任何这方面的证据也可以作为理论依据，找出4种自然力量中的3种——电磁、强力和弱力——的共性。即使很小的重量也可以叠加，因为大爆炸留下了大量的中微子。

难题五：超高能粒子从哪里来？

太空中能量最大的粒子，其中包括中微子、伽玛射线光子和其他各种形式的亚原子榴霰弹都称作宇宙射线。它们无时无刻不在射向地球；当你读这篇文章的时候，可能正有几个穿过你的身体。宇宙射线的能量如此之大，以至于它们必须是在大灾变造成的宇宙加速活动中产生。科学家估计的来源是：创世大爆炸本身、超新星撞成黑洞产生的冲击波，以及被吸入星系中央巨大黑洞时的加速物质。了解这些粒子的来源以及它们如何得到如此巨大的能量，将有助于研究这些物体的活动情况。

难题六：超高温度和密度之下是否有新的物质形态？

在能量极大的情况下，物质经历一系列的变化，原子分裂成其最小的组成部分。这些部分就是基本的粒子，即夸克和轻子，据目前所知它们不能再分成更小的部分。夸克性质极其活跃，在自然状态下无法单独存在。它们会与其他夸克组成的光子和中子两者再与轻子结合形成整个原子。这都是现有科学可以推测的，但当温度和密度上升到地球上的几十亿倍时，原子的基本成分有可能会完全分离开来。形成夸克等离子体和将夸克聚合在一起的能量。物理学家正尝试在长岛的一台粒子对撞机中创造物质的这种形态，即一种夸克-胶子等离子体。远远超过这些科学家在实验室中所能创造出的更高温度和压力之下，等离子体可能变成一种新的物质或能量形式。这种阶段性变化可能揭示自然界的新力量。要使这些力量结合起来，就必须要有一种新的超大粒子——规范玻色子，如果它存在的话，就可以使夸克转变为其他粒子，从而使每个原子中心的光子衰变。假如物理学家证明光子能够衰变，那么这一发现就会证明有新力量的存在。

难题七：光子是不稳定的吗？

如果你担心组成你的光子会分解蜕变，将你变成一堆基本粒子和自由能量，那大可不必为此着急。各种观察和试验表明，光子的稳定时间至少在 10^{33} 年。然而，许多物理学家认为，如果这三种原子力确实是单个统一的不同表现形式，前文所说的神秘变化的超大玻色子就会不时从夸克中演化出来，使夸克及其组成的光子衰退。如果一开始你认为这些物理学家脑子出了毛病，那也是情有可原的，因为按理说微小的夸克不可能生成比它重这么多倍数的玻色子。但根据海森伯的测不准原理，我们不可能同时知道一个粒子的动量和位置，这就间接使这样一个大胆命题可以成立。因此，一个巨大的玻色子在一个夸克中生成，短时间内形成一个光子并使光子衰变是可能的。

难题八：有几维空间？

对重力真正性质的研究也会带来这样的疑问：空间是否不仅仅限于我们能轻易观察到的四维。这就将我们引向一些线性理论学家对重力的解释，其中就包括其他维的空间。开始的宇宙线性理论模型将重力和其他三种力在复杂的11维宇宙中结合起来。在那个宇宙——也

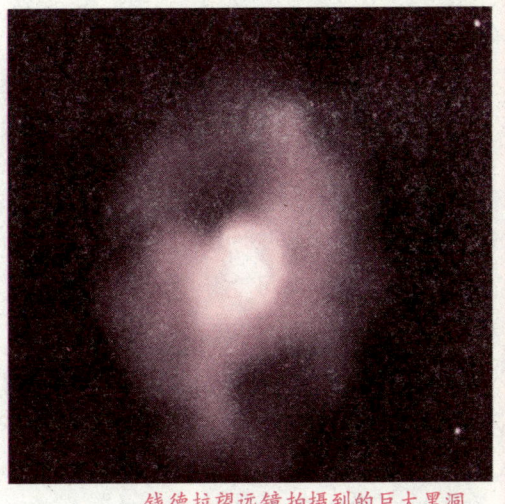

钱德拉望远镜拍摄到的巨大黑洞

就是我们宇宙中——其中的7维隐藏在超乎想象的微小空间中，以至于我们无法觉察到。弄懂这些多维空间的一个办法是，想象一个蛛网的一根丝。用肉眼来看，这根细丝只是一维的，但在高倍放大镜下，它就分解成了一个有相当宽度、广度和深度的物体。线性理论学家说，我们之所以看不见其他维的空间，只是因为缺少能将它们分解的精密仪器。

物理链接　WU LI LIAN JIE　　物理链接　WU LI LIAN JIE　　物理链接　WU LI LIA

中微子

中微子又译作微中子，是轻子的一种，是组成自然界的最基本的粒子之一，常用符号ν表示。中微子不带电，自旋为1/2，质量非常轻（小于电子的百万分之一），以接近光速运动。粒子物理的研究结果表明，构成物质世界的最基本的粒子有12种，包括6种夸克（上、下、奇、粲、底、顶），3种带电轻子（电子、缪子和陶子）和3种中微子（电子中微子，缪中微子和陶中微子）。中微子是1930年德国物理学家泡利为了解释贝塔衰变中能量似乎不守恒而提出的，20世纪50年代才被实验观测到。

破解世界上最复杂的对称体
一个百余年来令科学家倍感困惑的难题

加勒特·里斯酷爱冲浪,在一些人眼中,他就是个不学无术的浪荡公子,毕业后不留校任教不说,反而整日沉溺于冲浪。对此,他辩解称:"这是地球上最有趣的事情了。"八年前,里斯大学毕业,马上就去了夏威夷毛伊岛——冲浪者的天堂。后来,里斯在塔霍湖安了家。塔霍湖位于加州和内华达州在内华达山脉的交汇处,同毛伊岛一样景色优美,只不过峰顶不适合冲浪,相反,那里白雪皑皑,是滑雪游玩的天堂,按照里斯的话说,滑雪"屈服于重力,但不藐视重力的存在"。

里斯并非只是游戏人生,寻找刺激的那类人,他有着更高的人生目标:沉溺于冲浪的真正原因是为了探索宇宙的本质。里斯并没有供职于某所高校,与研究机构也毫无瓜葛,近十年来他试图解答一个令爱因斯坦生前始终无法找到答案的物理难题。这位39岁的物理学家宣布,他发现了这一难题的答案,此言一出,整个科学界都为之震惊。他以最为平实的语言描述了这个多少物理学家追逐的答案——有关万物的异常简单的理论。当然,这个理论可不像里斯所讲的那般简单,它是围绕有史以来研究的最深奥对称结构之一产生的,称为"E8"的248维对称体。目前,世界顶尖数学家宣称他们解开了这个几何实体的秘密,而破解这个难题所用的信息是人类基因组所含信息的60倍。这一理论是在19世纪提出的,从此便令科学家们充满好奇,他们长期就怀疑它的对称特性可能与创造物的潜在形状存在着密切联系。当里斯第一次遇到E8难题时,他在其结构中看到了有关宇宙理论的数学想法。所以,他开始"琢磨如何破解"这道难题。当他利用其形状去寻找宇宙中所有已知基本粒子和力的彼此关联时,这些片断似乎像坚锯一样组合起来。他意识到这可能是具有深远意义的发现。如果里斯的推断正确,E8难题的妙处可能是结合宇宙所有基本力和粒子的关键所在。

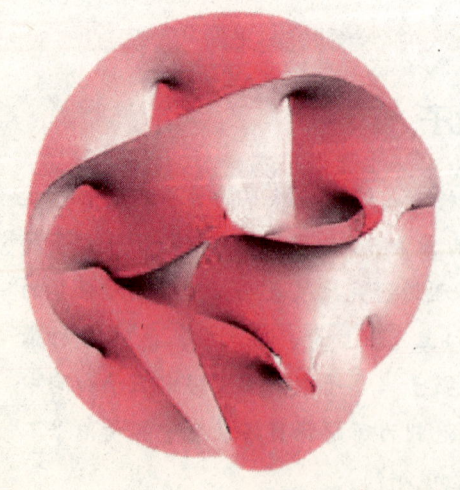

超弦理论

物理猜想·

也许在科学史上,是科学家首次能解释宇宙独特的进化模式的原因。里斯说:"它是一幅美丽、更大的图画,我们都是其中的一部分,一想到这,我便会激动万分。"难道里斯真的破解了这道曾令历史上众多顶尖科学家一筹莫展的物理难题吗?尽管科学家对这一理论心存怀疑,但仍旧对里斯的努力给予尊重。加拿大圆周理论物理研究所创始人李·斯莫林对里斯充满了溢美之词:"这是我这么多年以来看过的最引人注目的统一模式之一。"剑桥大学数学教授马库斯·萨乌托伊也将里斯的研究发现称为是万物理论的成功尝试,可能会支持大自然的部分基本结构。不过,有些科学家则对此提出了批评,一位物理学家说里斯是"怪人",他的想法简直是"胡扯"。但是,大多数人认为,这一未得到证明的想法存在揭示宇宙真面目的可能性。寻找支持万物的简单理论是数百年来物理学研究的终极目标。随着物理学家一步步揭示了说明自然界不同领域如何运作的规律,许多一流科学家相信宇宙的运转方式像时钟一样。他们坚持认为,科学最终能破解整个宇宙运转机制,能够准确地说明宇宙中的一切事物。尽管这种推理因量子力学和相对论的发现而遭受空前质疑,但科学家的探寻并没有停止。相对论的发现者爱因斯坦后半生曾试图破解这一称为"统一场理论"的物理学难题。尽管爱因斯坦四次宣称获得了重大突破,但最终还是一无所获。不少物理学家的目标就是将现代物理学的两大支柱——量子力学和相对论——融会贯通,变成一种理论,用于说明宇宙所有四种力——重力、电磁以及强核力和弱

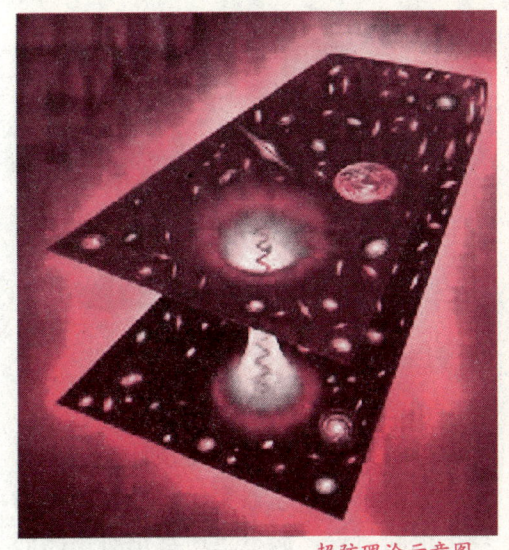

超弦理论示意图

核力——拥有一种来源。近年来,基础物理学方法(即超弦理论)的支持者直面挑战,提出了更为复杂的数学公式——其中一些需要三种空间和一种时间之外的结构,试图破解这一难题。

超弦理论并没给里斯留下深刻印象。对于一个由数学之妙处所驱动好奇心的科学家来说,这种理论太过笨拙,毫无吸引人之处,所以,在获得博士学位之后,他无所留恋地离开了大学,自由地从事物理学研究。里斯从小就喜爱物理,经常同物理老师就某个问题展开争论,大学时的学习成绩十分优异。离开大学,他不得不凭借自身力量破解宇宙的运转之谜。里斯意识到,对"万物理论"提出质疑无异于"学术自杀"。他说:"这个领域充斥着各种不切实际、疯狂的想法。"里斯的推理是否正确,相信不久即将水落石出。在道格拉斯·亚当斯《银河系漫游指南》一书中,超级计算机"深思"耗时7年半之久才计算出了有关生命、宇宙和万物的答案。位于瑞士日内

超弦理论图示

瓦附近的大型强子对撞器预计不久将启用,大型粒子加速器实验将可检验里斯理论正确与否,揭示里斯理论所预测的新基本粒子是否存在这一观点。这次实验的重要性由此可见一斑。

如果里斯的理论正确,他将由此成为世界上破解万物几何形状的第一人。里斯说:"E8难题既肤浅又深奥,这就是它的妙处所在,如果这是我们宇宙核心的几何结构,我想很多人将为之赞叹。"如果自己的理论错了呢?里斯对此倒是十分坦然:"这是一次成功几率很小的尝试。如果这项理论正确,但还是无法破解E8难题,我会继续琢磨,另辟蹊径。与大自然争论毫无用处。"里斯说:"无论如何,过于沉溺于某种理论显然是不好的做法。我不会虚度年华,一定要让余生足够美好,即便我所从事的物理研究最终并不成功,但我的生活一定会很美好。只有想法没行动才是虚度人生。我不会放弃对物理学的追求,同时也不会舍弃对冲浪的爱好。"

物理链接 WU LI LIAN JIE　**物理链接** WU LI LIAN JIE　**物理链接** WU LI LIA

统一场理论

统一场理论就是物理学中的强力、弱力、万有引力、电磁力四力的统一。从爱因斯坦晚年,全世界的科学家就在群雄逐鹿已久的理论物理学理论。实际上,统一场理论不仅是在数学理论上的统一,在理论物理学上的统一,更重要的是还在物质结构和物质组成上的统一。统一场理论在物理学上的统一,意味着从正负电子,到基本粒子,再到中子、质子、原子、分子。从各粒子自旋、力矩、磁矩、角动量、宇称、能量守恒、动量守恒都能统一在一起了。统一场理论在物质结构和组成上的统一,更是说明物质首先是由电和磁组成的,电和磁组成了电磁波即各种光子,电和磁组成了正电子和负电子,再由正、负电子组成基本粒子,正、负电子组成了中子和质子,再组成原子核与核外的电子共同组成原子和分子,它们再组成大千世界。

物理猜想·

探索反物质之谜
—— 也许宇宙中有个和我们的世界很像的世界 ——

反物质就是由反粒子组成的物质。所有的粒子都有反粒子，这些反粒子的特点是其质量、寿命、自旋、同位旋与相应的粒子相同，但电荷、重子数、轻子数、奇异数等量子数与之相反。反质子、反中子和反电子如果像质子、中子、电子那样结合起来就形成了反原子。由反原子构成的物质就是反物质。

当你照镜子时，镜中的那个你如果真的存在，并出现在你面前，会怎么样呢？科学家们已经考虑过这个问题，他们把镜中那个你叫做"反你"。科学家想象很远的地方有个和我们的世界很像的世界，它将是一个由反恒星、反房子、反食物等所有的反物质构成的反世界。反物质正是一般物质的对立面，而一般物质就是构成宇宙的主要部分。例如，氢原子由一个带负电的电子和一个带正电的质子构成，反氢原子则与它正好相反，由一个带正电的正电子和一个带负电的反质子构成。物质和反物质相遇后会湮灭，释放出大量能量，能量释放率要远高于氢弹爆炸。科学家认为，制造出大量反氢原子，有助于验证 CPT 守恒假设的正确性和宇宙标准模型的普适性。如果发现反氢原子与氢原子在物理规律上并不完全对等，将给物理学和宇宙学的一些基础问题带来非常重要的新启发。

例如宇宙大爆炸理论认为，宇宙诞生时，从虚无中产生了相等数量的物质和反物质。但人们观察到的宇宙中，物质显然占绝对的主导地位。对反氢原子的研究，可能有助于解开这个疑点。

反物质是正常物质的反状态。反物质概念是英国物理学家保罗·狄拉克最早提出的。他在 20 世纪 30 年代预言，每一种粒子应该有一个与之相对的反粒子，例如反电子，其质量与电子完全相同，而携带的电荷正好相反。根据大爆炸理论，宇宙诞生之初，产生了等量的物质与反物质。可能由于某种原因，大部分反物质转化为了物质，或者难于被观测到，导致在我们看来这个世界主要由物

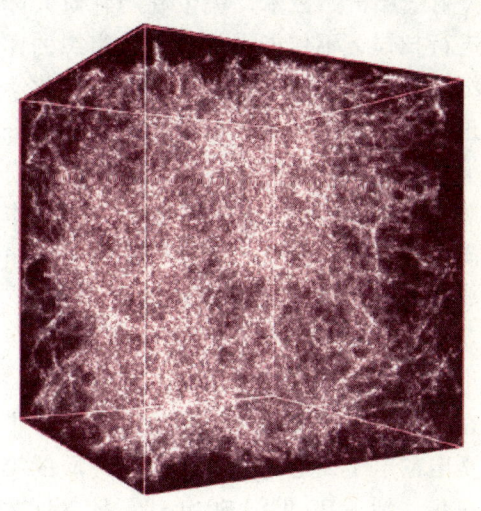

反物质

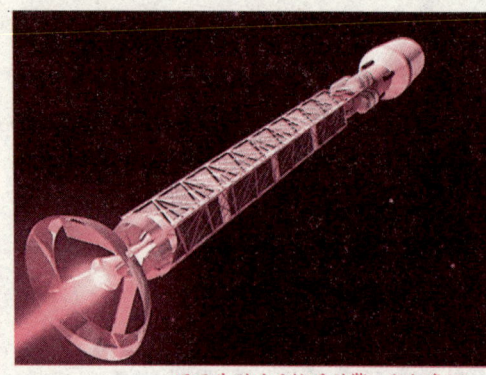

湮灭典型的反物质引擎飞船想象图

质组成。一个由日本和美国科学家组成的研究小组,计划在南极上空放飞气球,捕捉反物质天体释放出的反粒子,寻找反物质天体(如反星系)存在的证据。日美研究小组曾在加拿大用气球进行观测,该地区受地球磁场和大气影响很小,但为了不让气球飞跑,必须当天回收。而在南极上空,气球可持续飞行两周,观测数据能大幅度增加。现在,人们发现和制造的反物质粒子虽然不多,但正电子作为反物质的一种形式在美国已经有了许多实际用途,例如,正电子发射X射线层析照像术,医生利用它对人体进行扫描,不仅能得出病人软组织的详细图像,而且能够观察人们体内的化学过程以及在进行认识活动时大脑各部分消耗"燃料"的速度。我们知道,把自然界纷呈多样的宏观物体还原到微观本源,它们都是由质子、中子和电子所组成的。这些粒子因而被称为基本粒子,意指它们是构造世上万物的基本砖块,事实上基本粒子世界并没有这么简单。在20世纪30年代初,就有人发现了带正电的电子,这是人们认识反物质的第一步。到了20世纪50年代,随着反质子和反中子的发现,人们开始明确地意识到,任何基本粒子都在自然界中有相应的反粒子存在。电子和反电子的质量相同,但相反的电荷。质子与反质子也是这样。那么中子与反中子的性质有什么差别?其实粒子实验已证实,粒子与反粒子不仅电荷相反,其他一切可以相反的性质也都相反。这里我们讨论一下重子数的概念。质子与中子被统称为核子。人们从核现象的研究发现,质子能转化为中子,中子也能转化为质子,但在转化前后,系统的总核子数是不变的。20世纪50年代起的粒子实验表明,还有很多种比核子重的粒子,它们与核子也属同一类,这类粒子于是被改称为重子,核子仅是其最轻的代表,一般的规律是:当粒子通过相互作用而发生转化,系统中的重子个数是不会改变的。由于重子数的守恒性,两个质子相碰是不会产生一个包含三个重子的系统的,那么反核子应当怎么产生?实验表明,反核子总是在碰撞中与核子成对地产生的。对于比核子更重的重子,情况完全一样。反重子也总是与重子成对地产生,成对地湮灭的。这些经验使科学家们认识到,重子数的守恒规律需要重新认识。现在人们把重子数 B 当作描述粒子性质的一种荷。正反重子不仅有相反的电荷,而且也有相反的重子数 B。任何一个重子都具有重子数 B=+1,则任一个反重子都具有重子数 B=-1。介子、轻子和规范等非重子不具有重子数,即它们有 B=0。重子数的守恒规律可表述为:任何粒子反应都不会改变系统的总重子数 B。这表述既反映了不涉及反粒子时的重子个数不变,也概括了反粒子与粒子的成对产生和湮灭。现在我们容易理解中子和

物理猜想·

反中子的区别了,它们具有相反的重子数 B,因此反中子能与核子相碰导致湮灭,而中子则不能。此外,人们还类似地发现了轻子数的守恒性。中微子虽不带电,也不具有重子数,但它与反中微子具有相反的轻子数。按轻子数的守恒性,中微子与反中微子的物理行为也是很不一样的,实验还表明,介子数和规范粒子数是不具有守恒性的。这样我们看到,电荷只是粒子的一种属性,另外还有用重子数和轻子数等物理量刻画的其他属性。正反粒子的这些属性也都是相反的。

我们周围的宏观物质主要由重子数为正的质子和中子所组成。因此,这样的物质被称为正物质,由它们的反粒子组成的物质相应的叫反物质。从粒子物

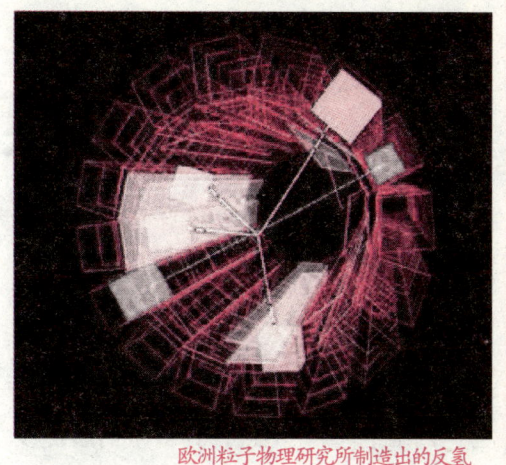

欧洲粒子物理研究所制造出的反氢

理的角度讲,正粒子和反粒子的性质几乎完全对称,那么为什么自然界有大量的正物质,而却几乎没有反物质呢?这个未解之谜有待于我们去进一步的探索和研究。

物理链接 WU LI LIAN JIE 物理链接 WU LI LIAN JIE 物理链接 WU LI LIA

反物质武器

反物质武器是目前核武器中最强、最重要的一种。美国费米国立加速器研究所,法国和瑞士合建的欧洲研究中心,俄罗斯高能物理研究所都在做此研究。中国的反物质研究所始于20世纪80年代初,由世界著名的核物理学家、反物质发现者赵中尧担任技术顾问,因此西方称他为"中国反物质武器之父"。关于这方面的公开资料几近于无,其高度保密性正反映了其极端重要性,只能通过正负电子对撞机的零碎进展作为这种武器进展的参考。1986年首次发现反物质,由于极少量的物质同它的反物质相互作用,能够释放出极大的能量。可用作热核爆炸的扳机,或者激励出极强的 X 射线或 γ 射线激光,如今,反物质研究成为目前各国研究的重点。

四维空间

| 另一侧的神秘世界 |

四维空间是一个时空的概念。简单的说,任何具有四维的空间都可以被称为"四维空间"。不过,日常生活所提及的"四维空间",大多数都是指爱因斯坦在他的《广义相对论》和《狭义相对论》中提及的"四维时空"。根据爱因斯坦的概念,我们的宇宙是由时间和空间构成。时空的关系,是在空间的架构上比普通三维空间的长、宽、高三条轴外又多了一条时间轴,而这条时间的轴是一条虚数值的轴。

这里说的四维空间明显地与相对论指的四维时空不同,所谓四维时空是指三维空间与一维时间融洽而成为一个复合体,相对论认为时间和空间是分不开的,是一个整体的不同部分。这里说的四维空间是指不含时间在内的空间,认为宇宙中除了人们熟悉的三维空间外,

四维空间

还有一维人们根本不知道存在的空间,它就在人们身边,与"长""宽""高"一样实实在在地存在着,可是却极难察觉,以致以目前极为强大和极为复杂的物理实验也未能发现。根据爱因斯坦相对论所说:我们生活中所面对的三维空间加上时间构成所谓四维空间。由于我们在地球上所感觉到的时间运行很慢,所以不会明显地感觉到四维空间的存在,但一旦登上宇宙飞船或到达宇宙之中,使本身所在参照系的速度开始变快或开始接近光速时,我们能对比的找到时间的变化。如果你在时速接近光速的飞船里航行,你的生命会比在地球上的人要长很多。这里有一种势场所在,物质的能量会随着速度的改变而改变。所以时间的变化及对比是以物质的速度为参照系的。这就是时间为什么是四维空间的要素之一的原因。

什么是四维?现在的说法是三维空间加上时间这一维,构成所谓的四维空间。然而,这种说法是一击即破的。为什么?我们可以从二维来考虑。一个二维生物(如果有的话),他们考虑所谓的三维空间绝对和我们所认识的三维空间不同——它们会把时间作为第三维,因为他们无法感受这一维的存在。同样,我们现在也走进了这个误区,把时间算

作第四维。可能四维生物看到我们在宣扬这种思想时，也在为我们叹息。那么时间算不算一维？现在看来，时间应该算是一维，即在多维生物本身的维度之外再加一维，构成新的 $N+1$ 维空间，而且这样也有助于帮我们解决一些问题，也可以使我们对比三维维度更高的空间加深认识。有一个更新的构想，即所有的维度都是由时间构成，没有时间，就没有空间，包括最基本的一维空间。这应该好理解，因为没有时间，空间本身的存在就没有任何意义，因为时空本身就是不能分割的整体。那么，为什么一种时间可以形成不同的维度空间？这里，我们可以把时间看成是一种可以分解的常量。时间可以分解，要明白这个道理，首先必须了解两点。第一点是时空的不可分性，这一点估计大家都明白，离开了空间谈时间，或者离开了时间谈空间，都是毫无意义的。第二点是时间的多样性，这一点了解起来可能有一点麻烦。在日常生活中，我们接触到的都是时间的合成体，也就是各个分时间有机结合形成的一个总的时间体系。只要换一个角度去想，一个结果，可能是几个不同的原因形成的。就拿运动来说，我们观察到的一般都是几个不同运动产生的一种运动的结合体，即合运动。关于时间，我们也可以这样去想。我们看到的时间结合体，可以是由物体运动的时间、历史时间（即经历时间）和其他的一些时间构成。而运动时间，我们又可以看成由上下运动的时间、左右运动的时间和前后运动的时间。当然，划分方法是多样的，这就构成了时间的多样性，至于如何去划分，这就要由不同的情况而定。一部分时间对应一段空间。在这个不

四维空间图示

完整的空间里，时间起到了决定性的作用。

我们之所以是三维生物，是以为这个维度的空间里只存在三维的时间。时间的不完整决定了空间的不完整。我们不能认识其他维度的空间，是因为我们不具备在那个空间里面运动的时间。时间的多样性决定的空间的多样性。同时，因为时间的不同分解方式，注定了我们的三维空间也是相对的，它可以被命名为一维，二维，甚至是任意维——完全取决于不同的分解方式。时间是决定维度的关键，同时，它也是决定低维物体高维存在方式的关键。让我们看看科学上的说法：低维是空间上的缺陷，它们不具备在高维世界内运动的空间。关于这一点，有一个疑问，那就是我们怎么可以发现这个缺陷。我们认为的低维不存在某一个空间长度，是因为我们无法确定它有那一个长度，也就是我们现在用最好的设备也无法观察到那一个长度差。那么，将来呢？我们现在无法认证，可能将来会有人证明那个低维物体确实属于高维。因此，低维与高维并不存在所谓的空间差。那么，我们如何区别高

四维空间模型

维与低维?很简单,用时间。用时间去解释任何一个维度空间,我们也可以认为,低维之所以比高维低级,是因为它们存在时间上的缺陷,它们无法在时间范畴内感受高维的存在。所以,我们要去了解低维或者高维,先要知道它们存在的时间范围。高维与低维之间可以实现转化,道理是很简单的,只要加入或者去掉一个时间单位就可以了。然而说起来很容易,做起来却很复杂,我们对时间的概念都是如此模糊,要想在空间范围内实现时间的转化就更困难。

对四维空间,一般人可能只是认为在长、宽、高的轴上,再加上一根时间轴,但对于其具体情况,大部分的人仍知之甚少。有一位专家曾打过一个比方:让我们先假设一些生活在二维空间的扁片人,他们只有平面概念。假如要将一个二维扁片人关起来,只需要用线在他四周画一个圈即可,这样一来,在二维空间的范围内,他无论如何也走不出这个圈。现在我们这些生活在三维空间的人对其进行"干涉"。我们只需从第三个方向(即从表示高度的那跟轴的方向),将二维人从圈中取出,再放回二维空间的其他地方即可。对我们这些三维人而言,四维空间的情况就与上述解释十分类似。如果我们能克服四维空间,那么,在瞬间跨越三维空间的距离也不是不可能。

物理链接 WU LI LIAN JIE **物理链接** WU LI LIAN JIE **物理链接** WU LI LIA

五维空间

空间是一个集合,最基本的元素是点,点的集合是线面体,也就是说在一个从"无"到"有"的发展中,三维运动,是因为有时间?其实不,三维体的运动产生了时间,这一个说法,那也就是人类给四维的最好说法。简单说五维就是由于四维运动产生,不过运动的那根轴是怎么的说法,想也不是那么好想的,假设四维空间可以对折那么对折后的那部分所谓的无,就会由于四维的运动而给填补,那样大家也许会说,这样并不能影响时间的运动,也就是没对四维造成改变,不能是四维运动。不是那样的,时间就是由三维运动产生,既然这样不就是三维的改变,变得让时间需要变短,那样不就成了五维,也就是说那个轴就是速度。

物理猜想·

引力波之谜
宇宙初生时的"啼哭"

关于万有引力的本质是什么,牛顿认为是一种即时超距作用,不需要传递的"信使"。爱因斯坦则认为是一种跟电磁波一样的波动,称为引力波。引力波是时空曲率的扰动以行进波的形式向外传递。引力辐射是另外一种称呼,指的是这些波从星体或星系中辐射出来的现象。电荷被加速时会发出电磁辐射,同样有质量的物体被加速时就会发出引力辐射,是广义相对论的一项重要预言。2009年8月20日,一个国际科研小组在新一期《自然》杂志上报告说引力波"出没范围"被锁定,爱因斯坦预言或将成真。

1916年,爱因斯坦广义相对论的问世,提出了崭新的引力场理论。他认为由引力造成的加速度,可以同由其他力造成的加速度区分开来。这个命题就是爱因斯坦的等价原理,即一个加速系统与一个引力场等效。我们设想,一个人在远离地球的太空中乘一架升降机上升,上升的加速度为9.8米/秒的平方,由于速度变化产生了阻力,这个人双脚会紧紧压在升降机的底板上,就像升降机停在地球表面上不动一样,但无法说明他所受到的是引力还是惯性。因此,牛顿所说的万有引力,在爱因斯坦看来,根本不是什么引力,而是时空的一种属性。

在这种成曲线的四维时空连续体中,根本不需引力。天体是按自己应有的曲线轨道运行的。1918年,爱因斯坦根据引力场理论预言有引力波存在。他认为高速运动着(加速运动)的物质会辐射引力,引力波就是这种引力的载体,就像光波是电磁力的载体一样。引力波的速度与真空中的光速相同。例如,在太阳和地球之间就是靠引力波传递引力子而实现相互作用的。因此,引力波存在与否,是广义相对论的又一个关键性验证。引力波非常微弱。据计算,用一根长20米、直径1.6米、重500吨的圆棒,以28转/秒的转速绕中心转动,所产生的引力波功率只有2.2×10^{-29}瓦;一次17000吨级核爆炸,在距中心10米处的引力波

地面引力波天文台LIGO

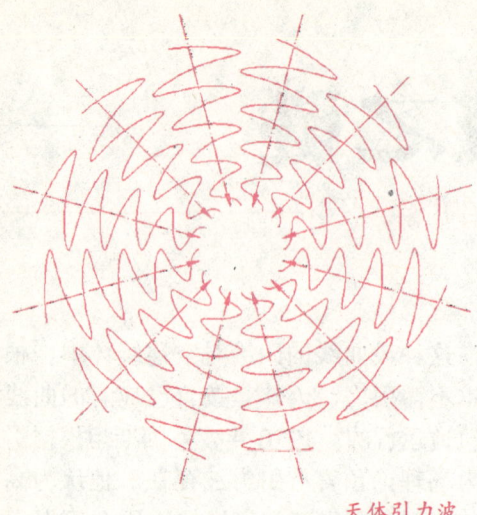
天体引力波

充其量也只有 10^{-16} 瓦/厘米的平方。因此,引力波在目前还无法直接测量。按照爱因斯坦的理论,自然界也应存在引力波,正如电荷的运动会产生电磁波一样,物体的运动也会产生引力波,引力波的传播速度为光速。这是电力与引力间又一个重要的相似特性。但只有宇宙中具有巨大质量(几倍于太阳质量)的运动天体才可能产生强烈的引力波。

引力波是爱因斯坦在广义相对论中提出的,即物体加速运动时给宇宙时空带来的扰动。通俗地说,可以把它想象成水面上物体运动时产生的水波。但是,只有非常大的天体才会发出较容易探测的引力波,如超新星爆发或两个黑洞相撞时,而这种情况非常罕见。因此,相对论提出一百多年来,其"水星进动"和"光线偏转"等重要预言被一一证实,而引力波却始终未被直接探测到。引力波有宇宙初生时的"啼哭"之称,它自宇宙诞生后便一直四散传播,现在可探测到的余响能量非常小,被称为"随机引力波背景"。在"激光干涉引力波观测台"中,科学家便是努力在长达4千米的激光光线中,寻找"随机引力波背景"带来的比一个原子核还小的扰动。引力波以波动形式和有限速度传播的引力场。按照广义相对论,加速运动的质量会产生引力波。引力波的主要性质是:它是横波,在远源处为平面波;有两个独立的偏振态;携带能量;在真空中以光速传播等。引力波携带能量,应可被探测到。但引力波的强度很弱,而且,物质对引力波的吸收效率极低,直接探测引力波极为困难。曾有人宣称在实验室里探测到了引力波,但未得到公认。天文学家通过观测双星轨道参数的变化来间接验证引力波的存在。例如,双星体系公转、中子星自转、超新星爆发,及理论预言的黑洞的形成、碰撞和捕获物质等过程,都能辐射较强的引力波。我们所预期在地球上可观测到的最强引力波会来自很远且古老的事件,在这事件中大量的能量发生剧烈移动(例子包括两颗中子星的对撞,或两个极重的黑洞对撞)。

虽然引力辐射并未被清清楚楚地"直接"测到,然而已有显著的"间接"证据支持它的存在。最著名的是对于脉冲星(或称波霎)双星系统 PSR1913+16 的观测。这系统被认为具有两颗中子星,以极其紧密而快速的模式互相环绕对方。其并且呈现了渐进式的旋近,旋近时率恰好是广义相对论所预期的值。对于这样的观测,最简单(也几乎是广为接受)的解释为:广义相对论一定是对这种系统的重力辐射给出了准确的说明才得以如此。泰勒和赫尔斯因为这些成就共同获得了1993年的诺贝尔物理学奖。1959年,美国马里兰大学教授韦伯发表了证实引力波存在的消息,这引起了世界物理学界一阵狂热的激动。事情是这样的,韦伯等人制造了 6 台引力波检验器,分别放在不同地点进行长期的检波记载。结果发现在各台检波器上都记录到一种相同的、不规则的"扰动",并证明它并不是由声学振动、地震、电磁干扰或宇宙线干扰等引起的,因此,他们认为"不能排除这就是引力波"。之后,许多国家的科学家采用各种方法企图证实宇宙深处的同样"来客",但终未得到肯定的结果。

最早动手检测引力波的是美国马里兰大学的物理学家韦伯博士。20 世纪 60 年代他建立了世界上第一套引力波检测装置:一根长 153 厘米、直径 61 厘米、重约 1.3 吨的圆柱形铝棒——后人称之为韦伯杆,横搭在由两个铁柱子支着的钢丝上。铝杆质量虽大,钢丝却几乎无丝毫振动。韦伯推测,铝杆若能接收到来自太空的一束强引力波,就会摆动起来,但摆动很可能是很轻微的,他估计摆动幅度可能只有原子核直径 10^{15} 米那么大,附近卡车开过等引起的地面震动均可能导致韦伯杆产生如此幅度的振动。为确认检测的确实是引力波,他还在 1000 千米之外的芝加哥阿冈国家实验室安装了一个类似的仪器。他想,假如有一个引力波扫过整个太阳系的话,则两个仪器都会同时做出同样的反应。1969 年 6 月,他宣布检测到了引力波。但后来科学家用更精确的仪器再也未检测到,现在一般认为,韦伯的实验结果有误。

电磁波

电磁波是电磁场的一种运动形态。电与磁可以说是一体两面,电流会产生磁场,变动的磁场也会产生电流。变化的电场和变化的磁场构成了一个不可分离的统一的场,这就是电磁场,而变化的电磁场在空间的传播形成了电磁波,电磁的变动就如同微风轻拂水面产生水波一般,因此被称为电磁波,也常称为电波。电磁波频率低时,主要借由有形的导电体才能传递。原因是在低频的电振荡中,磁电之间的相互变化比较缓慢,其能量几乎全部返回原电路而没有能量辐射出去;电磁波频率高时即可以在自由空间内传递,也可以束缚在有形的导电体内传递。在自由空间内传递的原因是在高频率的电振荡中,磁电互变甚快,能量不可能全部返回原振荡电路,于是电能、磁能随着电场与磁场的周期变化以电磁波的形式向空间传播出去,不需要介质也能向外传递能量,这就是一种辐射。

夸克探秘

| 不能再分割的一种基本粒子 |

夸克是美国物理学家默里·盖尔曼和茨威格在1964年各自独立提出的。他们认为中子、质子这一类强子是由更基本的单元——夸克组成的。一个质子和一个反质子在高能下碰撞，就会产生一对几乎自由的夸克。它们具有分数电荷，是基本电量的2/3或-1/3，自旋为1/2。夸克一词是盖尔曼取自詹姆斯·乔埃斯的小说《芬尼根彻夜祭》的词句"三声夸克"。夸克在该书中具有多种含义，其中之一是一种海鸟的叫声。盖尔曼认为，这适合他最初认为"基本粒子不基本、基本电荷非整数"的奇特想法，同时他也指出这只是一个笑话，这是对矫饰的科学语言的反抗。另外，也可能是出于他对鸟类的喜爱。

19世纪末，玛丽·居里打开了原子的大门，证明原子不是物质的最小粒子。很快科学家就发现了两种亚原子粒子：电子和质子。1932年，詹姆斯·查德威克发现了中子，这次科学家们又认为发现了最小粒子。20世纪30年代中期发明了粒子加速器，科学家们能够把中子打碎成质子，把质子打碎成核子，观察碰撞到底能产生什么。20世纪50年代，唐纳德·格拉泽发明了"气泡室"，将亚原子粒子加速到接近光速，然后抛出这个充满氢气的低压气泡室。这些粒子碰撞到质子（氢原子核）后，质子分裂为一群陌生的新粒子。这些粒子从碰撞点扩散时，都会留下一个极其微小的气泡，暴露了它们的踪迹。科学家无法看到粒子本身，却可以看到这些气泡的踪迹。气泡室图像上这些细小的轨迹（每条轨迹表明一个此前未知的粒子的短暂存在）多种多样，数量众多，让科学家既惊奇又困惑。他们甚至无法猜测这些亚原子粒子究竟是什么。盖尔曼认为，如果应用关于自然的几种基本概念，就可能解弄清楚这些粒子。他先假定自然是简单、对称的。他还假定像所有其他自然界中

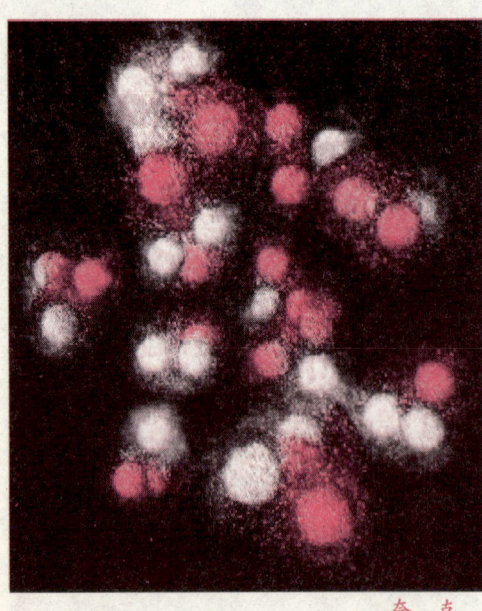

夸克

物理猜想·

的物质和力一样，这些亚原子粒子是守恒的（即质量、能量和电荷在碰撞中没有丢失，而是保存了下来）。用这些理论做指导，盖尔曼开始对质子分裂时的反应进行分类和简化处理。他创造了一种新的测量方法，称为"奇异性"。这个词是他从量子物理学引入的。奇异性可以测量到每个粒子的量子态。他还假设奇异性在每次反应中都被保存了下来。盖尔曼发现自己可以建立起质子分裂或者合成的简单反应模式。但是有几个模式似乎并不遵循守恒定律。之后他意识到如果质子和中子不是固态物质，而是由3个更小的粒子构成，那么他就可以使所有的碰撞反应都遵循简单的守恒定律了。经过两年的努力，盖尔曼证明了这些更小的粒子肯定存在于质子和中子中。他将之命名为"k-works"，后来缩写为"kworks"。之后不久，他在詹姆斯·乔埃斯的作品中读到一句"三声夸克"，于是将这种新粒子更名为夸克。

所有的物质都是由原子构成的。世界上存在数千种原子，但原子并非构成物质的最小单元，它的内部还有自己的结构。10^{-10} 米大小的原子内部绝大部分是真空的，中心有极为致密的核，大小约 10^{-15} 米。电子绕着原子核运动，其量子式的运动曾困惑了很多人。物质的内部结构正如同俄罗斯套娃一样，打开一层，又出现下一个层次。同理地，原子核也有内部结构：它由质子和中子经强力作用力结合在一起构成。1947年以前，我们只认识质子、中子、电子、μ子等为数不多的几种粒子。人们认为这些粒子就是构成物质的最小单元，称其为"基本粒子"。此后，在宇宙线实验和粒

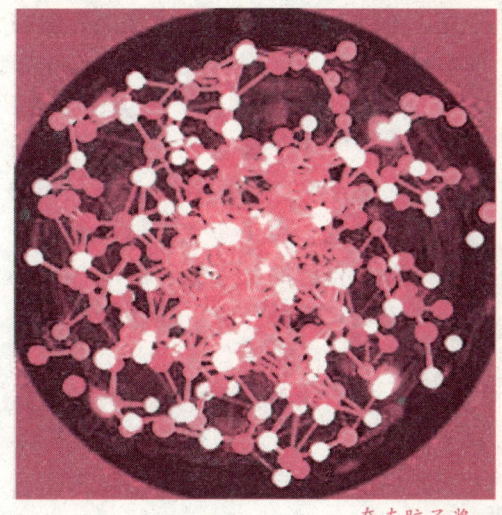

夸克胶子浆

子加速器实验中发现存在了大量其他粒子，如 π、K、Λ、Ξ、Δ 等一百多种。这些粒子中有的寿命很短，产生后很快就蜕变为其他粒子。因此，随着时间的推移，会观测到越来越多的基本粒子。人们不禁要问，后发现的这些粒子还是基本的吗？1961年美国的候世达用波长为德布罗意波长的电子轰击质子，结果发现质子并不是一个几何点，它有大小，半径为 10^{-15} 米，电荷就分布在这样一个小空间范围。中子也有大小，半径为 10^{-15} 米。1964年盖尔曼假定：前面所说的一百多种"基本粒子"是由满足粒子物理标准模型中 SU 了对称的三种夸克：上夸克、下夸克、奇异夸克及其反粒子构成，其电荷分别为质子电荷的 2/3、-1/3 和 -1/3。后来人们发现共有 6 种夸克：上夸克、下夸克、奇异夸克、粲夸克、顶夸克和底夸克。后 4 种夸克高度不稳定；大多数物质是由前 2 种夸克组成的。我们通常只取这 6 种夸克的英文首字母，称作 u、d、s、c、t 和 b。我们还用"味"这个词来形象地区分这 6 种不同的

夸克。不同的夸克除味不同外，其他物理参量的取值不同也有一些区别，比如质量、电荷、自旋、重子数、轻子数、同位旋量子数等。夸克有一个奇异的物理量：色量子数。每种味的夸克另有3种不同的颜色，由于夸克带电，每种夸克另外存在自己的反夸克，因此，总共存在 6×3×2=36 种夸克。在这个范围内电荷密度有正有负。

夸克理论认为，夸克都是被囚禁在粒子内部的，不存在单独的夸克。一些人据此提出反对意见，认为夸克不是真实存在的。然而夸克理论做出的几乎所有预言都与实验测量符合的很好，因此大部分研究者相信夸克理论是正确的。

1997年，俄国物理学家戴阿科诺夫等人预测，存在一种由5个夸克组成的粒子，质量比氢原子大50%。2001年，日本物理学家在SP环-8加速器上用伽马射线轰击一片塑料时，发现了五夸克粒子存在的证据。随后得到了美国托马斯·杰斐逊国家加速器实验室和莫斯科理论和实验物理研究所的物理学家们的证实。这种五夸克粒子是由2个上夸克、2个下夸克和1个反奇异夸克组成的，它并不违背粒子物理的标准模型。这是第一次发现多于3个夸克组成的粒子。研究人员认为，这种粒子可能仅是"五夸克"粒子家族中第一个被发现的成员，还有可能存在由4个或6个夸克组成的粒子。

物理链接 WU LI LIAN JIE **物理链接** WU LI LIAN JIE **物理链接** WU LI LIA

量子色动力学

量子色动力学，是一个描述夸克之间强相互作用的标准动力学理论，它是粒子物理标准模型的一个组成部分。其基本组元是带有分数电荷、自旋为1/2的夸克和自旋为1的胶子。夸克和胶子之间以及胶子之间通过色荷进行相互作用。这种色荷相互作用是规范不变的，可重正化的。按照强子结构的夸克模型，所有的重子都由3个夸克组成，所有介子都由一对正反夸克组成。为了与泡利不相容原理相一致，重子内部的3个夸克分别处于不同的状态，夸克内部存在一种新的自由度，夸克分处于该自由度的不同状态，而重子作为整体并不显示这种内部自由度的性质。这种情形与颜色的情形十分相似，红、蓝、绿3颜色组合为无色，一种颜色和它的互补色组合为无色。因此借用色彩学上的意思，把强子的这种内部自由度称为色自由度，夸克具有色荷，夸克和反夸克的色是互补的，3种不同色荷的夸克组成的重子是无色的，正反夸克组成的介子也是无色的。

物理猜想·

风 洞

惊雷怒吼般的人造风

　　风洞是能够人工产生和控制气流，以模拟飞行器或物体周围气体的流动，并可量度气流对物体的作用以及观察物理现象的一种管道状实验设备，它是进行空气动力实验最常用、最有效的工具。

　　风洞实验是飞行器研制工作中的一个不可缺少的组成部分。它不仅在航空和航天工程的研究和发展中起着重要作用，随着工业空气动力学的发展，在交通运输、房屋建筑、风能利用和环境保护等部门中也得到越来越广泛的应用。用风洞做实验的依据是运动的相对性原理。实验时，常将模型或实物固定在风洞内，使气体流过模型。这种方法，流动条件容易控制，可重复地、经济地取得实验数据。为使实验结果准确，实验时的流动必须与实际流动状态相似，即必须满足相似律的要求。但由于风洞尺寸和动力的限制，在一个风洞中同时模拟所有的相似参数是很困难的，通常是按所要研究的课题，选择一些影响最大的参数进行模拟。此外，风洞实验段的流场品质，如气流速度分布均匀度、平均气流方向偏离风洞轴线的大小、沿风洞轴线方向的压力梯度、截面温度分布的均匀度、气流的湍流度和噪声级等必须符合一定的标准，并定期进行检查测定。

　　风洞是空气动力学研究和试验中最广泛使用的工具。它的产生和发展是同航空航天科学的发展紧密相关的。风洞广泛用于研究空气动力学的基本规律，以验证和发展有关理论，并直接为各种飞行器的研制服务，通过风洞实验来确定飞行器的气动布局和评估其气动性能。现代飞行器的设计对风洞的依赖性很大。例如20世纪50年代美国B-52型轰炸机的研制，曾进行了约10000小时的风洞实验，而80年代第一架航天飞机的研制则进行了约100000小时的风洞实

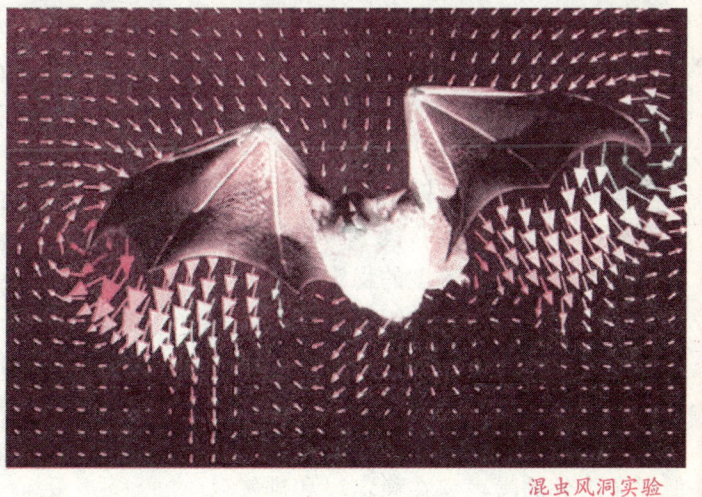

混虫风洞实验

探索军事天地　解码生物奥秘　纵览地球家园　见证建筑魅力　领略自然风情

汽车风洞实验

验。设计新的飞行器必须经过风洞实验。风洞中的气流需要有不同的流速和不同的密度，甚至不同的温度，才能模拟各种飞行器的真实飞行状态。风洞中的气流速度一般用实验气流的马赫数（M数）来衡量。风洞一般根据流速的范围分类：M<0.3的风洞称为低速风洞，这时气流中的空气密度几乎无变化；在0.3<M<0.8范围内的风洞称为亚音速风洞，这时气流的密度在流动中已有所变化；0.8<M<1.2范围内的风洞称为跨音速风洞；1.2<M<5范围内的风洞称为超音速风洞；M≥5的风洞称为高超音速风洞。风洞也可按用途、结构型式、实验时间等分类。

风洞有一个能对模型进行必要测量和观察的实验段。实验段上游有提高气流匀直度、降低湍流度的稳定段和使气流加速到所需流速的收缩段或喷管。实验段下游有降低流速、减少能量损失的扩压段和将气流引向风洞外的排出段或导回到风洞入口的回流段。有时为了降低风洞内外的噪声，在稳定段和排气口等处装有消声器。风洞的驱动系统有两类，一类是由可控电机组和由它带动的风扇或轴流式压缩机组成。风扇旋转或压缩机转子转动使气流压力增高来维持管道内稳定的流动。改变风扇的转速或叶片安装角，或改变对气流的阻尼，可调节气流的速度。直流电动机可由交直流电机组或可控硅整流设备供电。它的运转时间长，运转费用较低，多在低速风洞中使用。使用这类驱动系统的风洞称连续式风洞，但随着气流速度增高所需的驱动功率急剧加大，例如产生跨声速气流每平方米实验段面积所需功率约为4000千瓦，产生超声速气流则约为16000~40000千瓦。另一类是用小功率的压气机事先将空气增压贮存在贮气罐中，或用真空泵把与风洞出口管道相连的真空罐抽真空，实验时快速开启阀门，使高压空气直接或通过引射器进入洞体或由真空罐将空气吸入洞体，因而有吹气、引射、吸气以及它们相互组合的各种形式。使用这种驱动系统的风洞称为暂冲式风洞。暂冲式风洞建造周期短，投资少，一般"雷诺数"较高，它的工作时间可由几秒到几十秒，多用于跨声速、超声速和高超声速风洞。对于实验时间小于1秒的脉冲风洞还可通过电弧加热器或激波来提高实验气体的温度，这样能量消耗少，模拟参数高。风洞测量控制系统的作用是按预定的实验程序，控制各种阀门、活动部件、模型状态和仪器仪表，并通过

物理猜想·

天平、压力和温度等传感器，测量气流参量、模型状态和有关的物理量。随着电子技术和计算机的发展，20世纪40年代后期开始，风洞测控系统，由早期利用简陋仪器，通过手动和人工记录，发展到采用电子液压的控制系统、实时采集和处理的数据系统。

世界上公认的第一个风洞是英国人于1871年建成的。美国的莱特兄弟于1901年建造了风速12米/秒的风洞，从而发明了世界上第一架飞机。风洞的大量出现是在20世纪中叶。到目前为止，我国已经拥有低速、高速、超高速以及激波、电弧等风洞。

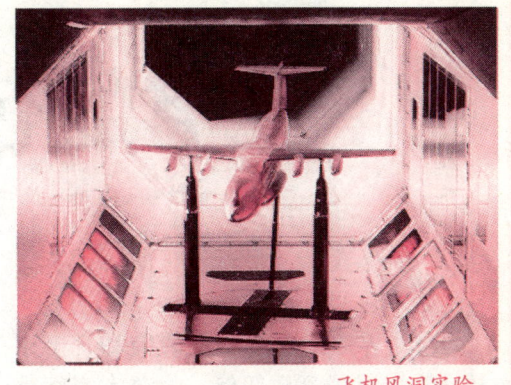

飞机风洞实验

物理链接 WU LI LIAN JIE　**物理链接** WU LI LIAN JIE　**物理链接** WU LI LIA

川西风洞

中国川西大型风洞群试验能力进入世界先进行列，具有我国自主知识产权的磁悬浮模型已在中国空气动力研究基地低速风洞通过试验鉴定。至此，该基地位于川西山区的亚洲最大风洞群已累计完成风洞试验50余万次，获得各级科技进步成果奖1403项，成为我国规模最大、手段齐备、综合实力最强的国家级空气动力试验、研究和开发机构，其综合试验能力已跻身世界先进行列。

天空的色彩变化

| 揭秘美丽背后的真相 |

自然界中绚丽多彩的晚霞和日出东方时的壮丽景象是任何一位艺术家都难以描绘的。但是很少有人知道，我们目睹的大部分颜色都是污染造成的，城市的落日和空气清新的乡村落日是不同的。

在非常洁净、未受污染的大气中，落日的颜色特点鲜明。太阳是灿烂的黄色，同时邻近的天空呈现出橙色和黄色。当落日缓缓地消失在地平线下面时，天空的颜色逐渐从橙色变为蓝色。即使太阳消失以后，贴近地平线的云层仍会继续反射着太阳的光芒。因为天空的蓝色和云层反射的红色太阳光融合在一起，所以较高天空中的薄云呈现出红紫色。几分钟后，天空充满了淡淡的蓝色，它的颜色逐渐加深，向高空延展。但在一个高度工业化的区域，当污染物以微粒的形式悬浮在空中时，天空的颜色就截然不同了。圆圆的太阳呈现出橘红色，同时天空一片暗红。红色明暗的不同反映着污染物的厚度。有时落日以后，两边的天空出现两道宽宽的颜色，地平线附近是暗红色的，而它的上方是暗蓝色。当污染格外严重时，太阳看上去就像一只暗红色的圆盘。甚至在它达到地平线之前，它的颜色就会逐渐褪去。

为什么在洁净的空气中太阳呈现出黄色，同时天空呈现出蓝色呢？在19世纪末期，英国物理学家瑞利1871年首先对此做出了解释。在地球表面的人是透过经空气散射的太阳光来看天空的。在洁净的、未受污染的大气中，大部分的散射是空气中的分子（主要是氧和氮分子）引起的，这些分子的大小比可见光的波长要小得多。瑞利理论指出，散射光强和波长的四次方成反比，在这种情况下，散射主要影响波长较短的光。因为蓝色位于光谱的后面，所以天空本身呈现出蓝色。太阳光直接穿透空气，在散射过程中它失去许多蓝色，所以太阳本身呈现出灿烂的黄色。根据瑞利的理论，当光波波长减少时，散射的程度急剧加强。所以光波波长最短的紫色光应该散射最强，靛青、蓝色和绿色的光散射要少得多。那么为什么我们看见的是

朝阳

物理猜想·

遭到污染的天空

蓝天，而不是紫色和靛色的天空呢？原来当散射光穿过空气时，吸收使它丧失了许多能量，波长很短的紫光和靛光虽然在穿过空气时，散射很强烈，但同时它们也被空气强烈地吸收，阳光到达地面时，所剩的紫色和靛色的散射并不多。我们所目睹的天空颜色是光谱中蓝色附近颜色的混合色，它们呈现出来的就是蔚蓝天空的颜色。除了散射外，太阳光还被空气中的臭氧分子和水蒸气所吸收。因为空气层散射和吸收的共同作用，最终到达地面的太阳光消耗了许多能量。正因为早晨和傍晚，太阳光经过空气的路程长，能量损失过多，所以我们可以欣赏壮丽日出和美丽的日落景色。而在白天，阳光在大气中经过的路程短，它的能量损失少，这时用肉眼直视太阳会使人头晕。

在太阳刚刚落山前，你会看到太阳圆盘的周围有一圈灿烂的红色光环。这个光环是太阳光被远大于空气分子的灰尘颗粒——通常它们是悬浮在地球附近空中的——折射的结果。这个光环看上去从太阳圆盘的中心向外延伸了大约3倍。因为光环延伸的角度取决于光波波长和微粒的大小，所以估计折射的颗粒直径大约为尘埃颗粒的大小。如果一阵大雨在落日前清洗了一遍空气的话，在落日时通常就看不到这个光环。瑞利未能明确地解释受污染的空气问题。虽然他的理论指出了光的散射强度将随着散射颗粒的增大而急剧增强，但它只适用于比光波波长小得多的微粒，对于直径超过0.025毫米的颗粒，例如空气分子就不适用了。在当今的工业社会，污染物通常是悬浮的微粒，它们由直径从0.01毫米到10毫米不等的微粒组成。瑞利的理论不能解释这种情况。后来，戈什塔夫·米证明了大粒子的散射取决于粒子线度与波长的比值，并于1908年提出了一个更为普遍的理论，它所覆盖的颗粒大小范围更大。这个理论指出，如果空气中有足够大的颗粒，它们将决定散射的情况。米氏的散射理论可以解释我们看见的城市天空的景象，颗粒越大，散射越多，同时散射的效果取决于波长。散射不仅在光谱的蓝色区域强烈，而且在绿色到黄色部分也很强。所以，穿过了受到很多污染的空气层的太阳光的强度削弱了许多，太阳看上去更红一些，它已经失去它的蓝色、黄色和绿色成分。除了散射外，像臭氧和水蒸气还会额外地吸收光能。结果圆圆的太阳呈现出暗淡、橘红的颜色。那么在受污染的空气中，天空本身的颜色又如何呢？悬浮在空中的污染物，时间一久便会聚集成层，较大的颗粒在地面附近形成了较浓密层。当太阳光穿透这些层时，它逐渐褪色，呈现出橘红色。散射的光失去了大量波长较短的光波，结果主要是红光得以穿透。天空呈现出暗红色；因为散射的红

余晖

光要穿过空气层中较低的、愈来愈浓密的空气,所以在地球表面附近红色越来越浓。你所看到的落日的类型主要取决于你所处的地方。在地面上,落日的亮度和颜色取决于季节和当地每天的大气状况。人在高处所看见的日出和日落的景色完全不同。有时日落后,站在平台上的观察者能看到贴近两面地平线的一小部分空气散射的阳光。

日出时,在太阳升起之前,散射的光便可以看见,而对于落日而言,天空的颜色取决于大气状况。日出之前天空中呈现的鲜艳的颜色,例如橙黄色、紫色和深蓝色,表明东面的大气相对而言没受污染。一旦太阳升起来,大部分天空变成了蓝色,只有在贴近地面的部分呈现出一段狭窄的橙色和黄色。傍晚的天空能揭示出大气受污染的情况。天然的"污染"也会影响天空颜色,尤其是火山喷发出的大量的灰尘、热气体和水蒸气进入大气时。灰尘的颗粒和其他一些微粒最终在离地面15~20千米之间的地方聚集成层。这个空气层散射太阳光的效果格外明显,绚丽多彩,太阳呈现出蓝色或绿色,尤其是在黄昏时分,火山喷发几年之后还能看到这种景象。

这些引人入胜的景色并不能弥补污染的危害,无论污染是天然的还是人为的。但至少污染物颗粒通过绚丽多彩的天空颜色的微妙变化显示了它们的存在。城市日落一旦出现暗红色,那便是对我们的警告。我们应当禁止污染物排入大气,只有这样,才能保证我们的子孙后代能够继续欣赏到明朗的天空。

物理链接 WU LI LIAN JIE

彩 霞

在日出和日落前后的天边,时常会出现五彩缤纷的彩霞,它的形成都是由于空气对光线的散射作用。当太阳光射入大气层后,遇到大气分子和悬浮在大气中的微粒,就会发生散射,每一个大气分子都形成了一个散射光源。俗话说"朝霞不出门,晚霞行千里",这就是说,早晨出现鲜红的朝霞,说明大气中水滴已经很多,预示天气将要转雨。如果出火红色或金黄色的晚霞,表明西方已经没有云层,阳光才能透射过来形成晚霞,因此预示天气将要转晴。

物理猜想·

神奇的暗物质

| 未解开的物质谜团 |

　　什么是暗物质？暗物质被认为是宇宙研究中最具挑战性的课题，它代表了宇宙中90%以上的物质含量，而我们可以看到的物质只占宇宙总物质量的5%左右。

　　暗物质无法直接观测得到，但它却能干扰星体发出的光波或引力，其存在能被明显地感受到。科学家曾对暗物质的特性提出了多种假设，但直到目前还没有得到充分的证明。几十年前，暗物质刚被提出来时仅仅是理论的产物，但是现在我们知道暗物质已经成了宇宙的重要组成部分。暗物质的总质量是普通物质的6.3倍，在宇宙能量密度中占了1/4，同时更重要的是，暗物质主导了宇宙结构的形成。暗物质的本质现在还是个谜，但是如果假设它是一种弱相互作用亚原子粒子的话，那么由此形成的宇宙大尺度结构与观测相一致。通过对小尺度结构密度、分布、演化以及其环境的研究可以区分这些潜在的暗物质模型，为暗物质本性的研究带来新的曙光。

　　20世纪中叶，第一次发现了暗物质存在的证据。当时，弗里兹·扎维奇发现大型星系团中的星系具有极高的运动速度，除非星系团的质量是根据其中恒星数量计算所得到的值的100倍以上，否则星系团根本无法束缚住这些星系。之后几十年的观测分析证实了这一点。尽管对暗物质的性质仍然一无所知，但是到了20世纪80年代，占宇宙能量密度大约20%的暗物质已被广为接受了。在引入宇宙膨胀理论之后，许多宇宙学家相信我们的宇宙是平直的，而且宇宙总能量密度必定是等于临界值的，这一临界值用于区分宇宙是封闭的还是开放的。与此同时，宇宙学家们也倾向于一个简单的宇宙，其中能量密度都以物质的形式出现，包括4%的普通物质和96%的暗物质。但事实上，观测从来就没有与此相符合过。虽然在总物质密度的估计上存在着比较大的误差，但是这一误差

观测仪

新型伽马射线望远镜

还没有大到使物质的总量达到临界值，而且这一观测和理论模型之间的不一致也随着时间变得越来越尖锐。

当意识到没有足够的物质能量来解释宇宙的结构及其特性时，暗能量出现了。暗能量和暗物质的唯一共同点是它们既不发光也不吸收光。从微观上讲，它们的组成是完全不同的。更重要的是，像普通的物质一样，暗物质是引力自吸引的，而且与普通物质成团并形成星系。而暗能量是引力自相斥的，并且在宇宙中几乎均匀的分布。所以，在统计星系的能量时会遗漏暗能量。因此，暗能量可以解释观测到的物质密度和由暴涨理论预言的临界密度之间70%～80%的差异。之后，两个独立的天文学家小组通过对超新星的观测发现，宇宙正在加速膨胀。由此，暗能量占主导的宇宙模型成为了一个和谐的宇宙模型。最近威尔金森宇宙微波背景辐射各向异性探测器的观测也独立的证实了暗能量的存在，并且使它成为了标准模型的一部分。暗能量同时也改变了我们对暗物质在宇宙中所起作用的认识。按照爱因斯坦的广义相对论，在一个仅含有物质的宇宙中，物质密度决定了宇宙的几何，以及宇宙的过去和未来。加上暗能量的话，情况就完全不同了。首先，总能量密度也就是物质能量密度与暗能量密度之和决定着宇宙的几何特性。其次，宇宙已经从物质占主导的时期过渡到了暗能量占主导的时期。大约在"大爆炸"之后的几十亿年中暗物质占了总能量密度的主导地位，但是这已成为了过去。现在我们宇宙的未来将由暗能量的特性所决定，它目前正使宇宙加速膨胀，而且除非暗能量会随时间衰减或者改变状态，否则这种加速膨胀态势将持续下去。

不过，我们忽略了极为重要的一点，那就是正是暗物质促成了宇宙结构的形成，如果没有暗物质就不会形成星系、恒星和行星，也就更谈不上今天的人类了。宇宙尽管在极大的尺度上表现出均匀和各向同性，但是在小一些的尺度上则存在着恒星、星系、星系团、巨洞以及星系长城。而在大尺度上能够促使物质运动的力就只有引力了。但是均匀分布的物质不会产生引力，因此今天所有的宇宙结构必然源自于宇宙极早期物质分布的微小涨落，而这些涨落会在宇宙微波背景辐射中留下痕迹。然而普通物质不可能通过其自身的涨落形成实质上的结构而又不在宇宙微波背景辐射中留下痕迹，因为那时普通物质还没有从辐射中脱耦出来。另一方面，不与辐射耦合的暗物质，其微小的涨落在普通物质脱耦之前就放大了许多倍。在普通物质脱耦之后，已经成团的暗物质就开始吸引普通物质，进而形成了我们现在观测到的结构。因此这需要一个初始的涨落，但是它的振幅非常非常的小。这里需要的物质就是冷暗物质，由于它是无热运动的非相对论性粒子因此得名。在开始阐述这一模型的有效性之前，必须先交代一下其中最后一件重要的事情。对于先前提到的小扰动，为了预言其在不同波长上的引力效应，小扰动谱必须具有特殊的形态。为此，最初的密度涨落应该是标度无关的。也就是说，如果我们把能量分布分解成一系列不同波长的正弦波之和，那么所有正弦波的振幅都应该是相同的。暴涨理论的成功之处就在于它提供了很好的动力学出发机制来形成这样一个标度无关的小扰动谱。

宇宙中有大量的暗物质，特别是存在大量的非重子物质的暗物质。宇宙的总质量中，重子物质约占2%，宇宙中可观测到的各种星际物质、星体、恒星、星团、星云、类星体、星系等的总和只占宇宙总质量的2%，98%的物质还没有被直接观测到。在宇宙中冷暗物质约占70%，热暗物质约占30%。标准模型给出的62种粒子中，能够稳定地独立存在的粒子只有12种，它们是电子、正电

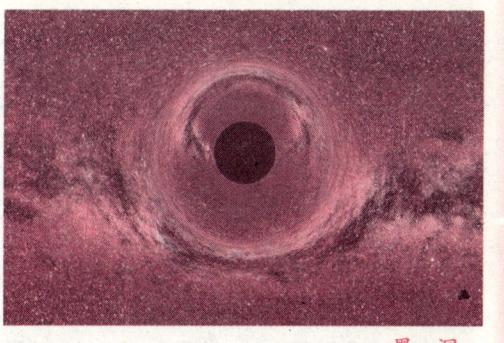

黑洞

子、质子、反质子、光子、3种中微子、3种反中微子和引力子。这12种稳定粒子中，电子、正电子、质子、反质子是带电的，不能是暗物质粒子，光子和引力子的静止质量是零，也不能是暗物质粒子。20世纪80年代初期，美国天文学家艾伦森发现，许多碳星周围存在着稳定的暗物质，这些暗物质受到严格的束缚。高能热粒子和能量适中的暖粒子是难以束缚住的，它们会到处乱窜，只有运行很慢的"冷粒子"才能束缚住。

为探索暗物质的秘密，世界各国的粒子物理学家正在这个领域努力工作，相信揭开暗物质神秘面纱的那一天不会太遥远了。

暗能量

暗能量是一种不可见的、能推动宇宙运动的能量，宇宙中所有的恒星和行星的运动皆由暗能量推动。暗能量具有如此大的力量，是因为它在宇宙的结构中约占73%。支持暗能量的主要证据是对遥远的超新星所进行的大量观测表明，加速膨胀的现象推论出宇宙中存在着压强为负的"暗能量"；另一个证据来自于精确地测量出宇宙中物质的总密度。所有的普通物质与暗物质加起来大约只占其1/3左右，约2/3的短缺物质称为暗能量。

"白胡子"的来历

| 揭开霜之谜 |

在寒风刺骨的北国严冬,路上经常可以见到一种奇怪的景象:对面走过来的行人,胡子、眉毛总是一片白,远看还以为他是个龙钟老人,其实是个年轻人,只不过眉毛胡子上挂上白霜罢了。这"白胡子"是怎么来的呢?

在寒冷季节的清晨,草叶上、土块上常常会覆盖着一层霜的结晶。它们在初升起的阳光照耀下闪闪发光,待太阳升高后就融化了。人们常常把这种现象叫"下霜"。翻翻日历,每年10月下旬,总有"霜降"这个节气。我们看到过降雪,也看到过降雨,可是谁也没有看到过降霜。其实,霜不是从天空降下来的,而是在近地面层的空气里形成的。霜是一种白色的冰晶,多形成于夜间。少数情况下,在日落以前太阳斜照的时候也能形成。通常,日出后不久霜就融化了。

北国风光

但是在天气严寒的时候或者在背阴的地方,霜也能终日不融。通常人们所说的"霜害",实际上是在形成霜的同时产生的"冻害"。霜的形成不仅和当时的天气条件有关,而且与所附着物体的属性也有关。当物体表面的温度很低,而物体表面附近的空气温度却比较高,那么在空气和物体表面之间就有一个温度差,如果物体表面与空气之间的温度差主要是由物体表面辐射冷却造成的,则在较暖的空气和较冷的物体表面相接触时空气就会冷却,达到水气过饱和的时候多余的水气就会析出。如果温度在0°C以下,多余的水气就在物体表面上凝华为冰晶,这就是霜。因此霜总是在有利于物体表面辐射冷却的天气条件下形成。另外,云对地面物体夜间的辐射冷却是有妨碍的,天空有云不利于霜的形成,因此,霜大都出现在晴朗的夜晚,也就是地面辐射冷却强烈的时候。

风对于霜的形成也有影响,有微风的时候,空气缓慢地流过冷物体表面,不断地供应着水气,有利于霜的形成。但是,风大的时候,由于空气流动的很快,接触冷物体表面的时间太短,同时风大的时候,上下层的空气容易互相混合,不利于温度降低,从而就不利于霜的形成。大致说来,当风速达到3级或

3级以上时，霜就不容易形成了。因此，霜一般形成在寒冷季节里晴朗、微风或无风的夜晚。物体表面越容易辐射散热并迅速冷却，在它上面就越容易形成霜。同类物体，在同样条件下，假如质量相同，其内部含有的热量也就相同。如果夜间它们同时辐射散热，那么，在同一时间内表面积较大的物体散热较多，冷却的较快，在它上面就更容易有霜形成。这就是说，一种物体，如果与其质量相比，表面积相对大的，那么在它上面就容易形成霜。草叶很轻，表面积却较大，所以草叶上就容易形成霜。另外，物体表面粗糙的，要比表面光滑的更有利于辐射散热，所以在表面粗糙的物体上更容易形成霜，如土块。霜的消失有两种方式：升华为水气或融化成水。最常见的是日出以后因温度升高而融化成水消失，这种水，对农作物有一定好处。霜的出现，说明当地夜间天气晴朗并寒冷，大气稳定，地面辐射降温强烈。这种情况一般出现于有冷气团控制的时候，所以往往会维持几天好天气。我国民间有"霜重见晴天"的谚语，道理就在这里。

物质从气态不经过液态而直接变成固态的现象，叫凝华，凝华过程物质要放出热量。冬夜，室内的水蒸气常在窗玻璃上凝华成冰晶，树枝上的"雾凇"等都是凝华现象。用久的电灯泡会变黑，是因为钨丝受热升华形成的钨蒸气又在灯泡壁上凝华成极薄的一层固态钨。反过来，物质从固态直接变成气态，叫做升华。这两种现象在日常生活中到处可以见到。比如你用纸把樟脑丸包起来放到箱子里，它就慢慢地从固体直接变成气体，两三年以后只留下一个空纸包。

雾凇

冬天，玻璃窗上冻结成各种美丽的冰花，有的像兰花，有的像马尾松，这是由于玻璃的温度比较低，室里的水蒸气遇冷直接凝华而成的。年轻人胡子眉毛上的白霜，不是从天上降下来的，而是他呼吸出来的水蒸气碰到冷，直接凝华而成的。知道了"白胡子"的来历，对于自然界里霜的形成，就很好理解了。在天气晴朗的夜里，地面上的热量很快辐射到天空中去，地面温度降低得很快。地面附近空气的温度也随着降低，空气里原来没有饱和的水蒸气很快达到饱和。如果温度降低到0℃以下，又没有风，水蒸气就附在庄稼、草木或者其他物体上，直接凝华成小冰晶，结成霜。如果温度在0℃以上，水蒸气就液化成水滴，形成露。霜和露都害怕太阳。太阳一出来，气温升高，大气中的水蒸气不饱和了，它们很快就会升华或者蒸发成水蒸气，完全消失。这和水气凝华结晶时的晶体习性有关。水气凝华结晶成的雪花和天然水冻结的冰都属于六方晶系。我们在博物馆里很容易被那纯洁透明的水晶所吸引。水晶和冰晶一样，都是六方晶系，不过水晶是二氧化硅的结晶，冰晶是水的结晶罢了。当水气凝华结晶的

霜 降

时候，如果主晶轴比其他三个辅轴发育的慢，并且很短，那么晶体就形成片状；倘若主晶轴发育很快，延伸很长，那么晶体就形成柱状。雪花之所以一般是六角形的，是因为沿主晶轴方向晶体生长的速度要比沿三个辅轴方向慢得多的缘故，这就是窗上的霜花会有美丽图案的原因了。

我国古书中说："冬天近晚，忽有老鲤斑云起。渐合成浓阴者，必无雨，名曰护霜天。"护霜天，就是冬季傍晚阴云蔽空，可以保证夜间和第二天早晨没有霜。这是很有科学根据的，因为蔽空的浓云阻碍了地面上热量的辐射，使地面温度不至于降得太低，这样，空气里没有饱和的水蒸气就不能达到饱和，无法凝华或者液化，形成霜或露。大风天气也不可能下霜结露，因为风把靠近地面的空气吹跑，空气里的水蒸气被吹散，所以尽管气温降低了，但是水蒸气含量太少，不能达到饱和，自然就形成不了霜和露。露水的水量虽然不大，但对农作物还是有利的。在久旱不雨，庄稼将要枯萎的时候，露水可以起到补充水分，暂时缓和旱象的作用。

霜一般出现在冷暖过渡的晚秋和早春时节，常常使农作物遭受冻害。为了保护庄稼不受霜冻，必须依据科学原理，因时、因地、因植物制宜地采用烟熏、灌水、覆盖等防御措施。

物理链接 WU LI LIAN JIE **物理链接** WU LI LIAN JIE **物理链接** WU LI LIA

霜 冻

霜冻多在春秋转换季节，白天气温高于0℃，夜间气温短时间降至0℃以下的低温危害现象。农业气象学中是指土壤表面或者植物株冠附近的气温降至零度以下而造成作物受害的现象。出现霜冻时，往往伴有白霜，也可不伴有白霜，不伴有白霜的霜冻被称为"黑霜"或"杀霜"。晴朗无风的夜晚，因辐射冷却形成的霜冻称为"辐射霜冻"。冷空气入侵形成的霜冻称为"平流霜冻"。无论何种霜冻出现，都会给作物带来或多或少的伤害。

物理猜想·

为什么士兵枕着箭筒睡觉

| 揭秘声音之谜 |

在古代战争中，为什么士兵枕着箭筒睡觉？

众所周知，声音在固体中比在空气中传播快得多。在空气中声速约340米/秒，而声音在固体中传播的速度每秒为1000多米，夜间人耳从空气听到马队行军的马蹄声一般不超过2000米，这样从大地中得知对方军队行军声音比从空气中传播不过快几秒的时间。这在古代战争中并不是士兵枕着箭筒睡觉的主要原因。士兵枕着箭筒睡觉的原因，还要从箭筒和声音在大地中传播两点考虑。箭筒是存放箭的袋子或筒，最初用皮革、木料、竹子制成，后来用青花瓷、金属制作，装饰有花纹和金属牌子。有的箭筒按放箭的数量分成几格。装备弓的步兵或骑兵通常将箭筒佩于右侧，拍在挂马刀的腰带或专门的腰带上，而将带套的弓佩于左侧。有时，箭筒上面还罩上一个套子，名为筒套，防止箭因天气阴湿受潮。

马和士兵在路上行进时，人趴在地上比从空气中能听到行军声音的距离要远得多。做这样一个实验，取一根6米长的木头，甲在木头一端，乙在另一端，甲用手指轻敲木头，调整手指用力大小，使乙在另一端从空气中刚好能听到；这时如果乙趴下将耳朵贴近木头，甲仍按原来的力量敲打木头。甲听到的声音响度要比从空气中听到的声音响度要大得多。说明敲打固体产生的声音，直接从固体中传播比从空气中传播的距离要远，所以士兵通过大地可以听到从更远的地方传来的部队行军时的声音，这样士兵可以更早地发现敌人行军的行动。从箭筒上分析，看声学实验中的音叉和共鸣箱，做声音共鸣实验时，将两个共鸣箱的口正对时实验效果最好，共鸣箱起收集声波的作用，我们的耳廓也是这个道理。古代的箭筒，它是用皮革制成，干燥后非常坚硬、结实，箭筒放在地上也起到了收集声波的作用。同一个声源在同一个地方发出声音，在距离声源适当

箭 筒

111

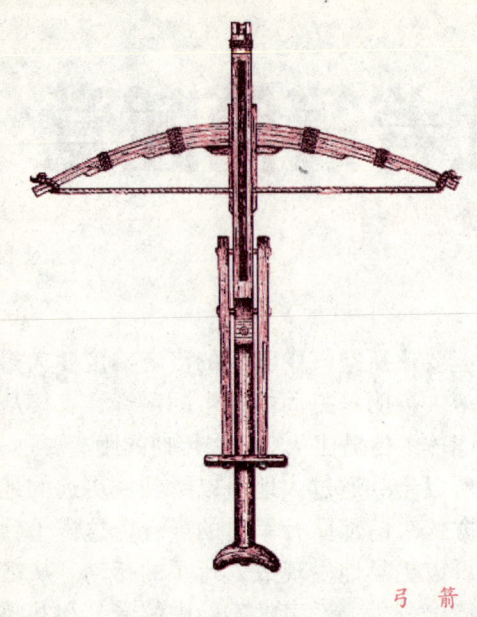

弓 箭

的一个位置，枕在箭筒上比从空气中听到的声音要大。做这样一个实验，有两间单独的房子，中间有墙隔开，但该墙上没有门和窗。我们在这一间房子里，隔壁有人大声喧哗，我们在这边无法听清。如果取一瓷缸子，将底部紧贴在两间房间的墙壁上，耳朵凑近缸子口就能听清隔壁讲话的声音。说明缸子也起到了收集声波的作用。由此看来，士兵枕着箭筒睡觉，能听到从较远处传来的响声，能够及早发现敌情。综上所述，古代士兵之所以枕着箭筒睡觉是因为能听到从较远的距离传来的部队行军时的声音，箭筒起到收集声波的作用，另外声音传播相同距离从大地中传播比从空气中传播要快。

日常生活中的利用声音是人类获取信息的主要途径之一，声音传递给我们的不仅仅是语言信息，下面所介绍的是声在其他方面的一些应用及其原理。首先辨析熟悉的来人现象：和您朝夕相处的人在室外说话时，我们通过听声音就知道是哪位在说话。这是因为不同的人发出的声音音调、响度都有可能相同，但音色绝不会相同，因为不同的发声体发出的声音的音色一般不相同，由于非常熟悉，我们通过辨别音色就能分辨出哪位在说话。其次听长短现象：向暖水瓶中倒水时，听声音就能了解水是不是满了。原理是不同长度的空气柱，振动发声时发声频率不同，空气柱越长，发出的音调越低；暖水瓶中水越多，空气柱就越短，发出的声音频率越高，音调也就越高，特别是水刚好倒满瞬间，音调会陡然升高，通过听声音的高低，我们就能判断出水已经倒满了。我们去商店买碗、瓷器时，我们用手或其他物品轻敲瓷器，通过声音就能判断瓷器的好坏。原因是有裂缝的碗、盆发出的声音的音色远比正常的瓷器差，通过音色这一点就能把坏的碗、盆挑选出来，当然实际还用辨别音调、观察形态等方法，但主要还是通过音色来辨别的。声音还可以测量距离，前面如果有一建筑物或高山，对着高山大喊一声，用表测量发出声音到听到声音的时间，利用声速就可以测出我们与高山或高大建筑物的距离。原理是声音在传播过程中遇到障碍物被反射回来就产生了回声。声音还可以看病，听诊器的原理是人的体内有些器官发出的声音，如：心肺、气管、胃等发生病变时，器官发出的声音在某些特征上有所变化，医生通过听诊器能听出来，依此来诊断病情。B超检查原理是频率高于20000赫兹的声音称为超声波，超声波有一定的穿透性，医生用某些信号器产生超声波，向病人体内发射，同时接受内脏器官的反射波，通过仪器把反射波的频率、强度检测出来，并在电视屏幕上形成图像，为判断病情提供了重要的依据，B超利用的是回声原理。声音还可以治病，人体的有些器官发生结石，如肾、胆等，最好的治疗措施就是用体外碎石机把体内结石击碎，变成粉末排出体外。体外碎石机利用的就是超声波，用超声波穿透人体引起的激烈震荡，使之碎化。这主要利用了声波能传递能量的性质。声音可以传递信息监测灾情，通过监测次声波就可知道地震、台风的信息。次声波是频率低于20赫兹的声音，人类无法听到。一些自然灾害如地震、火山喷发、台风等都伴有次声波的产生；次声波在传播过程中减速很小，所以能传播得很远，通过监测传来的次声波就能获取某些自然灾害的信息。

生活周围有许多物理现象，它为我们带来许多的益处，物理世界里还有许多神奇的东西等待我们去挖掘，用来造福于人类。

听诊器

听诊器是由法国医生雷内克发明的。内外妇儿医师最常用的诊断用具，是医师的标志，现代医学即始于听诊器的发明。听诊器自从被应用于临床以来，外形及传音方式有不断的改进，但其基本结构变化不大，主要由拾音部分、传导部分及听音部分组成。听诊器类型目前有单用听诊器、双用听诊器、三用听诊器、立式听诊器、多用听诊器以及最新出现的电子听诊器。

惊险刺激的过山车

― 探秘过山车中的物理知识 ―

过山车又称为云霄飞车,是一种机动游乐设施,常见于游乐园和主题乐园中。汤普森是第一个注册过山车相关专利技术的人,曾制造过数十个过山车设施,被誉称为"重力之父"。

一个基本的过山车构造中,包含了爬升、滑落和倒转,其轨道的设计不一定是一个完整的回圈,也可以设计为车体在轨道上的运行方式为来回移动。大部分过山车的每个乘坐车厢可容纳2人、4人或6人,这些车厢利用勾子相互连结起来,就像火车一样。从最基本的层面来看,过山车不过是一部利用重力和惯性使列车沿蜿蜒的轨道行进的机器。过山车虽然惊险恐怖,但基本上是非常安全的设施。在钢铁制造的过山车中,日本长岛温泉游乐园中的过山车是最长的。过山车是一项富有刺激性的娱乐工具。那种风驰电掣、有惊无险的快感令不少人着迷。如果你对物理学感兴趣,那么在乘坐过山车的过程中不仅能够体验到冒险的快感,还有助于理解力学定律。实际上,过山车的运动包含了许多物理学原理,人们在设计过山车时巧妙地运用了这些原理。如果能亲身体验一下由能量守恒、加速度和力交织在一起产生的效果,那感觉真是妙不可言。这次同物理学打交道不用动脑子,只要收紧你的腹肌,保护好肠胃就行了,当然,如果你的身体条件和心理承受能力的限制,无法亲身体验过山车带来的种种感受,你不妨站在一旁仔细观察过山车的运动和乘坐者的反应。

在开始旅行时,过山车的小列车是靠一个机械装置的推力推上最高点的,但在第一次下行后,就再也没有任何装置为它提供动力了。事实上,从这时起,带动它沿着轨道行驶的唯一的"发动机"将是引力势能,即由引力势能转化为动能、又由动能转化为引力势能的这样一种不断转化的过程构成的。引力势能是物体因其所处位置而自身拥有的能量,由于它的高度和由引力产生的加速度而来的。对过山车来说,它的势能在处于最高点时达到了最大值,也就是当它爬升到"山丘"的顶峰时最大。当过山车

风驰电掣的过山车

物理猜想·

开始下降时,它的势能就不断地减少,但它不会消失,而是转化成了动能。不过,在能量的转化过程中,由于过山车的车轮与轨道的摩擦而产生了热量,从而损耗了少量的机械能(动能和势能)。这就是为什么要设计成随后的小山丘比开始时的小山丘要低的原因,过山车已经没有上升到像前一个小山丘那样的高度所需要的机械能了,过山车最后一节小车厢是过山车赠送给勇敢的乘客最为刺激的礼物。事实上,下降的感受在过山车的尾部车厢最为强烈。因为最后一节车厢通过最高点时的速度比过山车头部的车厢要快,这是由于引力作用于过山车中部的质量中心的缘故。这样,乘坐在最后一节车厢的人就能快速达到和跨越最高点,从而产生一种要被抛离的感觉,因为质量中心正在加速向下。尾部车厢的车轮是牢固地扣在轨道上的,否则在到达顶峰附近时,小车厢就可能脱轨甩出去。车头部的车厢情况就不同了,它的质量中心在"身后",在短时间内,它虽然处在下降的状态,但是它要"等待"质量中心越过高点被引力推动。

到达"疯狂之圈"时,沿直线轨道行进的过山车突然向上转弯。这时,乘客就会有一种被挤压到轨道上的感觉,因为这时产生了一种表观的离心力。在环形轨道上由于铁轨与过山车相互作用产生的一种向心力,这种环形轨道是略带椭圆形的,目的是为了"平衡"引力的制动效应。当过山车达到圆形轨道的最高点时,事实上它会慢下来,但如果弯曲的程度较小时,这种现象会减弱。一旦过山车走完了它的行程,机械制动装置就会非常安全地使过山车停下来。

过山车

减速的快慢是由汽缸来控制的。

如果说美国有一个过山车的摇篮,那么它就是纽约的科尼艾兰。美国的第一部过山车1884年在这里诞生。对于过山车迷来说,这里是他们的"麦加圣城"。科尼艾兰仍保留着1927年建造的最早的木制过山车"飓风号"。今天木质过山车产生的神奇效果是在20世纪20年代所无法想象的。美国辛辛那提市附近的游乐园里面有一个"野兽之子"木制过山车,它高66米,长2143米,最高时速126千米,上下有65米的落差,能同时供3辆过山车运行,每辆可载36人。它甚至还有一段木制过山车界唯一的垂直循环轨道。"野兽之子"的赫赫有名绝非偶然,它使用的木头可以铺成761千米长。今天,过山车家族已经有约30名成员,包括金属过山车、悬挂式过山车、竖立式过山车以及穿梭式过山车等。木制过山车的轨道类似于传统的列车铁轨。过山车的金属轮子在平坦的金属条上滚动,每根金属条的宽度为10~15厘米。这种金属条是用螺钉固定在运行轨道上的,运行轨道用胶合木板制成,十分坚固。在大多数过山车中,

有惊无险的过山车

车厢的轮子采用了与列车相同的凸缘设计，即车轮内部形成一个凹形结构，使车厢不致滚到轨道外面去。车厢还有另一组轮子，它们在轨道下方滚动，这可以防止车厢飞到空中。

木制过山车轨道是用枕木和呈对角线交叉的支撑梁来固定的，整个轨道结构安置在一个由木制或钢制的梁搭成的格架上，就像用来支撑房屋或摩天大楼的横梁框架。利用这些材料，设计师们可以将山坡、盘旋和弯道结合起来，形成拥有变化无穷的路线布局。他们甚至可以让列车上下翻转。虽然木制车永远不能与钢铁车的多种翻转方式相匹敌，但经典的木质过山车仍在过山车爱好者心中拥有不可取代的地位。因为木头过山车更"凶"更"野"!这并不是说木过山车能比钢铁过山车做出更让人胆颤的动作，只是因为它自身的材制会让它颠得很厉害，而且沿轨道滑行时噪声惊人。

钢制过山车列车车厢既可以像传统的木制过山车那样停留在轨道上，也可以像滑雪缆车那样吊挂在车厢顶部的轨道上。钢管轨道不是由各个小部件组装而成的，而是由一些曲线型的大型模块预制的。通过钢制造工艺可生产出平滑的曲线型轨道，使过山车能沿轨道坡度向各个方向运动。在木制过山车中，当车体滚过连接木制轨道各部件的接头时会发出嘎嘎声，使运行过程产生停顿感。而在钢制过山车中，轨道的各个部件被完美地焊接在一起，使车体的运行极为平稳。任何一位过山车爱好者都会告诉您，每种感受都有与众不同的魅力。

弹射器

在一些较新的过山车设计中，列车是通过弹射器发射的方法启动的。这些系统使列车在开始的极短时间内获得大量动能，让它开始运行。直线感应电动机是常用的弹射器系统之一，直线感应电动机利用电磁体在轨道上方和列车下方各造出一个磁场，并使两个磁场互相吸引。电动机移动轨道上方的磁场，牵引着后面的列车以极高的速度沿轨道移动。这种系统的主要优势在于它的速度快、效率高、耐用性、准确性和可控制性。

物理猜想·

香槟酒的美丽气泡

—— 揭秘气泡之谜 ——

在法国巴黎以东，兰斯市周围，包括马恩省、埃纳省和奥布省的一部分区域被统称为香槟地区。香槟地区是香槟酒的产地，根据法国法律只有香槟地区出产的香槟酒才能称为香槟酒，其他地区出产的同类酒只能称为"发泡葡萄酒"。

北纬49°的香槟地区气候寒冷，阳光充足，土壤富含白垩，在这样的气候条件下种植的葡萄是酿造香槟酒的最佳品种。香槟的产生有着一段传奇故事，17世纪末，奥特维雷修道院的唐·贝里侬修士偶然发现，没有完成发酵的葡萄酒在装瓶后酒会产生气泡，气泡的压力导致玻璃瓶爆裂。经过多年的研究，唐·贝里侬修士用软木塞成功地将酒的气泡封闭在酒瓶之内，并且将掺有冰糖的葡萄酒加到混浊灰色的葡萄酒中，使酒色变得透明，酿造出品质稳定的冒泡葡萄酒。唐·贝里侬修士此后被尊为香槟的创始者，不仅奥特维雷修道院还保留着唐·贝里侬修士的实验室，而且以唐·贝里侬名字命名的高级香槟还在生产，生产该品牌的酩悦公司的庭院里树立着身穿僧侣服的唐·贝里侬手持酒瓶的铜像。

香槟的酿造方法与其他的葡萄酒颇为不同。香槟独特的气泡来自酒瓶中的二次发酵，当葡萄酿成干白酒之后，加入糖和酵母，随即装瓶加上软木塞，放在白垩岩的地下酒窖，让发酵缓慢地进行。完成发酵之后的香槟至少需要在酒窖中再培养一年。工人会定期用手将倒插在木架上的香槟瓶体旋转，酒渣慢慢地汇聚到瓶口。到了一定的时间，方才开瓶，利用瓶内气泡的压力将酒渣清除。香槟的秘密还来自香槟地区特殊的土壤。7000万年前形成的白色石灰岩，松软吸水，十分适合香槟葡萄的生长。香槟地区采用的葡萄品种多为红葡萄的黑比诺和白葡萄的夏多内，一般在开花之后的100天收获葡萄。相关的法律规定，收获葡萄只能手工采摘。每年的9月，是葡萄园一年中最为热闹的时节，因为这是收获的季节。香槟地区特殊的石灰岩土质还为香槟的储存提供了保证，酒厂的酒窖大都深处地下的石灰岩土质之中。

香槟酒宴会

香槟酒厂

参观香槟酒厂,其实就是参观神秘的酒窖。

人们常常形容说,红酒杯中沿着杯壁挂落的酒滴如同"情人的眼泪",伤感而多情;而香槟酒杯中不断腾然而起的气泡,则如同串串晶莹剔透的珍珠,亮丽而愉悦。尽管目前并没有任何研究发现,气泡的多少与香槟酒的品质有关,但是人们还是会将两者联系起来,在品味美酒的同时欣赏浪漫的气泡如同串串珍珠般浮起的美妙景象,聆听气泡破裂时微小的声音交奏而出的美妙乐曲。最近,来自素有香槟酒故乡之称的法国兰斯的科学家,揭开了香槟酒倒入酒杯之后产生串串气泡的秘密。兰斯大学的科学家介绍说,将香槟酒倒入杯中之后产生的气泡来自于酒杯内壁上的细小纤维绒毛,它们之中有少量的空气包体。气泡的节奏与纤维绒毛内有多少空气包体和这些空气包体的形状有关。而这些纤维绒毛本身则来源于擦拭酒杯的绒布或者空气。在封闭的香槟酒瓶里或者其他装有含碳酸饮料的容器中都有着比较高的气压,使得可以有更多的碳酸被溶解在这些液体之中。当香槟酒瓶被打开时,气压骤减,过度饱和溶解的二氧化碳以气泡的形式被释放出来。这种气泡的产生,只需要在液体和气体有交界面时就会出现。这样类似的液体和气体交界面,在香槟酒杯里主要出现在微小的纤维绒毛中。当香槟酒被倒入酒杯之中时,被释放出的二氧化碳在压力的作用下进入到纤维绒毛的空气包体这个极小的空腹中并使其不断膨胀,它所产生的浮力也随着体积的膨胀而同步增大,最终迫使气泡脱离"挣脱"原先的束缚而向上升起。在上升到液体表面的过程中,随着更多的二氧化碳进入到气泡内,气泡的体积进一步变大。在冒出液体表面之后带着香味的气泡立即自行破裂,将一丁点儿香槟酒抛洒到空气中,从而增进香槟酒的香气和滋味。而旧气泡的浮升离开,也同时为新气泡的形成留下了空间。于是,气泡生成的这一过程不断持续、反复进行,使气泡源源不断地冒出来,直至溶解于香槟酒中的二氧化碳快要释放殆尽时才逐渐停止。实际上,尽管之前人们或许并不完全了解这些气泡是如何产生的,但却早已经学会了如何利用气泡浮升到香槟酒的液体表面的特性,来更好地品味香槟酒独特的香味,营造浪漫的氛围。人们制造出形状优美的高脚香槟酒杯,其盛酒部位如同郁金香花的形状,这种狭长形的设计延伸了气泡上升到酒杯顶端所经过的行程并使这一过程更加显眼,而向内收敛的杯口使敞开的表面面积缩小,从而使得气泡破裂时散发出的香气的浓度增加。气泡相互之间以多快的速度生产并相互跟随争先恐后地向液体表面浮动,则取决于纤维中空气包体的大小、形状和数量。科学家通过高速摄像机和显微镜的帮助展示了这一点。如果在一个纤维中存在多于

物理猜想·

一个的空气包体，那么不同空气包体之间的相互结合将会打乱气泡生成的节奏。专业人士将生成气泡的地方叫做"气泡培育点"，而除了纤维或者其他一些微小的中空杂质可以成为气泡培育点之外，香槟酒玻璃杯内壁的一些微小凹凸痕迹也会帮助生成气泡，甚至于有一些酒杯的这些非常微小的痕迹是为了制造气泡而故意在制作酒杯的过程中刻意"雕刻"出来的，为了生成特别优美的气泡串。

对于普通的酒杯，研究人员建议可以用力地用干燥的绒布擦拭酒杯来达到使得杯壁上留下更多纤维绒毛微粒的目的，从而帮助产生更多的气泡。当然，在让香槟酒到入酒杯产生气泡之前，人们应当尽量避免在打开香槟酒之前拼命摇晃酒瓶，因为否则打开瓶塞瞬间的一声巨响，会同时带去大量的二氧化碳，使得酒被倒入杯中之后没有足够的二氧化碳来持续生成气泡。更加合理的开启方式是，握住瓶塞缓缓拧转酒瓶，始终朝一个方向活动。不要让瓶塞砰的一声突然蹦出来，而要让它慢慢松开，发出一丝逐渐减弱的嘶声。

香槟酒甘醇美味，然而它那美丽丰富的气泡更是浪漫的象征。

甘醇的香槟酒

泰廷爵

泰廷爵是兰斯的香槟酒厂，建在一座修道院旧址上。泰廷爵最值得自豪的是酒厂下有一座长达4千米的酒窖，微弱的灯光照亮迷宫般的通道，在通道靠墙的两侧是一排排"品"字形的香槟酒架。酒窖开挖于不同的时期，最早可追溯到公元4世纪的古罗马时代。罗马人为了战事需要，取土修建工事，为了防止塌方，他们采用的是独特的井式结构的取土方式，挖掘到一定深度，井沿呈阶梯状向四周扩展，从下往上望去，垂直的井筒如同金字塔形状。

防不胜防的"香蕉球"

| 揭开体育中的物理奥秘 |

绿茵场上经典的任意球常常成为电视台反复播放的精彩瞬间,随着一枝劲射,足球在绕过"人墙"眼看要飞出场外时却又魔幻般拐过弯来直扑球门,这就是神秘莫测、防不胜防的"香蕉球"。

香蕉球又称"弧线球",指足球踢出后,球在空中向前并做弧线运行的踢球技术。弧线球常用于攻方在对方禁区附近获得直接任意球时,利用其弧线运行状态,避开人墙直接射门得分,当代足坛帅哥贝克汉姆就是射"香蕉球"的好手。香蕉球的原理是当球在空中飞行时,在它向前飞行时,要使它不断旋转,由于空气具有一定的粘带性,因此当球转动时,空气就与球面发生摩擦,旋转着的球就带动周围的空气层一起转动。若球是沿水平方向向左运动,同时绕平行地面的轴做顺时针方向转动,则空气流相对于球来说除了向右流动外,还被球旋转带动的四周空气环流层随之在顺时针方向转动。根据流体力学的伯努利定理,在速度较大一侧的压强比速度较小一侧的压强小,所以球上方的压强小于球下方的压强。球所受空气压力的合力上下不等,总合力向上,若球旋转得相当快,使得空气对球的向上合力比球的重量还大,球在前进过程中就受到一个竖直向上的合力,这样球在水平向左的运动过程中,将一面向前、一面向上地做曲线运动,球就向上转弯了。若要使球能左右转弯,只要使球绕垂直轴旋转就行了。看来关键是运动员触球的一刹那的脚法,即不但要使球向前,而且要使球急速旋转起来,不同的旋转方向,球的转向就不同,这需要运动员的刻苦训练,方能练就一套娴熟的脚头功夫,只有经过千锤百炼,才能达到炉火纯青的地步。

自从贝利1966年在伦敦世界杯赛中踢出了第一个"美丽的弧线"后,"香蕉球"便成为越来越多大牌球星们的基本功底和拿手好戏。被誉为"万人迷"和"英格兰圆月弯刀"的贝克汉姆一次次用最优雅的"贝氏弧线"博得世界的喝彩,"金左脚"卡洛斯的"炮打双灯"

新香蕉球

物理猜想

为足球史留下了一段佳话,而"绿茵拿破仑"普拉蒂尼踢出的"香蕉球"横向飘移量竟达5米之多,使他成了至今无人能挑战的"任意球之王"。"香蕉球"为什么会在飞行中拐弯?当我们把手伸进水中再拿出来,手的表面会粘上一层水。同样,球的表面也附着一层薄薄的空气,当"香蕉球"一边飞行一边自转时,会带动表面的空气一起旋转,其中一侧转动的线速度和球的前进速度相加,使得迎面气流受到较大阻力,另一侧情况则恰恰相反,自转的线速度和前进速度相减。于是带来了球的两侧气流速度不同。根据伯努利原理"流速越快压力越小"。"香蕉球"便受到一个侧向的力,也称"马格纳斯力",导致了飞行轨迹的弯曲。伸出右手,用食指表示球的飞行方向,蜷曲的三指表示球的旋转方向,与食指水平垂直的拇指则表示"马格纳斯力"的方向。

现在让我们把视线从绿茵场转到乒乓球桌上,这里大展雄风的"弧圈球"其实是另一种弯曲度向下的"香蕉球"。当对方来球下降时,让手中的挥拍速度达到最大值。击球瞬间通过"用手腕拧球",尽量将球"吸"在胶皮上,使摩擦力大于撞击力。这样打出的急剧上旋球便会产生马格纳斯效应,球的飞行路径即"第一弧线"向下拐弯,弹起后的"第二弧线"则低沉平直,并急剧前冲和迅速下坠,令人难以招架。弧圈型上旋球是日本人中西义治从拉攻技术中分离出来的。20世纪50年代,欧洲削球曾经雄霸世界乒坛,别尔且克、西多等名将的"加转球"号称"只有起重机才能拉得起来"。而日本运动员发明的弧圈型

贝克汉姆的香蕉球

上旋球却在20世纪60年代大破欧洲削球高手组成的联队。经过多年改变和演进,今天的弧圈球已经成为世界乒坛最富攻击力的主流技术。

马格纳斯力的影响还突出表现在棒球、网球和高尔夫球比赛中。球的旋转必然带来飞行轨迹的弯曲,旋转和曲线共存,这大约可以视为球类运动的一个通则。但高尔夫球宁可不要光洁的"面孔",却选择一张"麻子脸",让浑身布满500来个小坑,其中还有更多的奥妙。原来高尔夫球在飞行过程中,附着于表面的空气"边界层"会在球的尾部脱离并产生旋涡,形成"低压区"。球的前沿和后沿之间的"压差阻力"严重阻碍球的前进。而相对粗糙的表面能使"边界层"空气更好附着和延迟分离,从而减少压差阻力。此外,以下旋为主的高尔夫球还能因马格纳斯力而带来升力,增加停留在空中的时间。难怪"麻脸"高尔夫球一杆能打出200米开外,而光滑的高尔夫球却只能打出几十米了。

但排球却给了我们另一种扑朔迷离的体验,那便是20世纪60年代,著名日本教练大松博文首创的飘球技术,他率领的"东方魔女"曾靠着这一法宝荣

登世界冠军宝座。和急速旋转的香蕉球、弧圈球恰恰相反，飘球的特点是完全不旋转。这就需要击球时直线挥臂、骤打突停、让作用力通过球的重心。飘球的飞行轨迹飘晃不定、十分诡异，可偏离正常抛物线轨道达 0.5 米，并且具有随机性和不可预测性，因此极易造成接球的困难和失误。谈到飘球的机制和原理，我们不妨讲一点别的故事，也许有助于打开思路。高耸的钢制烟囱在大风中会剧烈摆动；圆形截面的输电线会发出尖锐呼啸；发电厂热交换器排管在高速气流中会轰鸣震荡；潜水艇细长的潜望镜筒在波浪中前进时会扭动弯曲而影响观察；圆形桥墩在激流中则会受到严重破坏。著名的美籍匈牙利裔物理学家冯·卡门教授曾经深入研究过这一现象，发现流体绕过柱状物体时，尾流两侧会交替产生成对排列的、旋转方向相反的涡旋，对物体产生交变的横向作用力。这便是著名的"卡门涡旋"原理。三维的排球虽然不同于二维的圆柱体，但尾部形成的"脱体涡流"同样会引起"流固耦合振动"，飘球发生飘晃的原因盖出于此。从另一个角度看，当飘球的速度减小到一个临界值，阻力的突变性增大也会带来球的骤然失速而急剧下坠。

香蕉球、弧圈球、"麻脸"高尔夫和飘球都不过是空气动力学这个神奇的万花筒中展现的一个小小景观。时刻记住我们不是在虚无的真空中，而是在大气的怀抱中运动，体育的精彩中有着物理的原理。

物理链接　WU LI LIAN JIE　物理链接　WU LI LIAN JIE　物理链接　WU LI LIA

马格纳斯效应

马格纳斯效应是在粘性不可压缩流体中运动的旋转圆柱受到举力的一种现象。这个效应是德国科学家马格纳斯于 1852 年发现的。在静止粘性流体中等速旋转的圆柱，会带动周围的流体做圆周运动，流体的速度随着到柱面的距离的增大而减小。这样的流动可以用圆心处有一强度的点涡来模拟。足球、排球、网球以及乒乓球等的侧旋球和弧圈球的运动轨迹之所以有那么大的弧度也是起因于马格纳斯效应。

物理猜想·成长必读

保护眼睛的太阳镜

揭秘太阳镜的物理之谜

太阳镜是一种为防止太阳光强烈刺激造成对人眼伤害的视力保健用品，随着人们物质文化水平的提高，太阳镜又可作为美容或体现个人风格的特殊饰品。

太阳镜按用途一般可分为遮阳镜、浅色太阳镜和特殊用途太阳镜三类。太阳镜又称为遮阳镜，人在阳光下通常要靠调节眼瞳孔大小来调节光通量，当光线强度超过人眼调节能力，就会对人眼造成伤害。所以在户外活动场所，特别是在夏天，许多人都戴遮阳镜来遮挡阳光，以减轻眼睛调节造成的疲劳或强光刺激造成的伤害。浅色太阳镜对太阳光的阻挡作用不如遮阳镜，但其色彩丰富，适合与各类服饰搭配使用，有很强的装饰作用。受到了年轻一族的青睐，时尚女性对其更是宠爱有加。特殊用途太阳镜具有很强的遮挡太阳光的功能，常用于海滩、滑雪、爬山、高尔夫等太阳光较强烈的野外，其抗紫外性能等指标有较高的要求。不同的人群，根据不同的喜好和不同的用途来选择太阳镜，但最根本的是要从能保障配戴者的安全及视力不受到损伤的基本原则出发。减少强光刺激、视物清晰不变形、防紫外、对颜色识别不失真、准确辨识交通信号，应是太阳镜的基本功能。选择太阳镜不能只注重款式而忽视其内在质量。

太阳镜能抵挡令人不舒服的强光，同时可以保护眼睛免受紫外线的伤害。所有这一切都归功于金属粉末过滤装置，它们能在光线射入时对其进行"选择"。有色眼镜能有选择地吸收组成太阳光线的部分波段，就是因为它借助了很细的金属粉末铁、铜、镍等。事实上，当光线照到镜片上时，基于所谓"相消干涉"过程，光线就被消减了。形成光波的相

户外运动必备太阳镜

探索军事天地　解码生物奥秘　纵览地球家园　见证建筑魅力　领略自然风情

太阳镜

互重叠现象时,光线也会相互抵消。相消干涉现象不仅取决于镜片的折射系数,还取决于镜片的厚度。镜片的厚度变化不大,而镜片的折射系数则根据化学成分的差异而不同,偏振眼镜则提供了另外一种保护眼睛的机理。偏振光是由全朝一个方向振动的波形成的,而一般的光则是由不定向振动的波开成的。这就像一群无秩序随意走动的人与一批迈着整齐步伐行进的士兵那样,形成了鲜明对比。反射光是一种有秩序的光,偏振镜片在阻挡这种光时特别有效,因为它的过滤性在发挥作用。这种镜片只让朝一定方向振动的偏振波通过,就像将光"梳理"了一样。对于道路反光问题,使用偏振眼镜能减少光的透射,因为它不让与道路平行振动的光波通过。事实上,过滤层的长分子被导向水平方向,可以吸收水平偏振光线。这样,大部分的反射光就被消除掉了,而周围环境的整个照明度并未减少。

变色眼镜的镜片能在太阳光线射来之后变暗,当照明减弱之后,它又重新变得明亮了。之所以能够如此,这是因为卤化银的结晶体在起作用。在正常情况下,它能使镜片保持完美的透明度。在太阳光的照射下,晶体中的银便分离出来,处于游离状的银便在镜片内部形成小的聚集体。这些小的银聚集体呈犬牙交错的不规则块状,它们无法透射光线,而只能吸收光线,其结果就使镜片变暗。在光暗的情况不,结晶体又重新形成,镜片随之恢复到明亮状态。这种玻璃在任何光照下都是完全透明的。不反光玻璃的发明者是美国科学家凯瑟琳·布洛杰特。她是纽约州通用电器公司声望极高的实验室区接受的第一位女性。她19岁成为物理化学家诺贝尔奖得主欧文·朗谬尔的助手。欧文正从事分子膜的研究,分子膜是很薄的物质膜层,就如单个分子铺成的"垫"那样。布洛杰特在20世纪30年代末发现,将一种钡的薄膜放在透镜上,可减少透镜的全反射光。于是不反光的眼镜诞生了。

将玻璃加工制成镜片,需经过4道工序。让我们看看生产玻璃的大商家,美国人科宁所采用的加工程序。第一道工序是熔化,将基本的混合物加热到1100～1500℃。下一步是提炼,即再提高玻璃的温度,使它更具流动性,并将熔化后仍残留在玻璃内的气体排除掉。玻璃从熔管中流出等待被切割,以形成准确的质量,称为"玻璃滴",然后送去压制。在科宁使用的这套程序中,着色所需的金属粉末在熔炼过程中已经添加进去了,这正是有别于其他方法的独到之处。而一般方法是在制成的镜片上再加一个色层。玻璃滴灌入模,模具确定镜片的外径和弯曲度,也就是说制成进一步加工成镜片的玻璃"毛坯"。这时,再次将玻璃加热并最后送去打磨和抛光。

有些年轻人为了追求时髦,把太阳镜作为一种装饰品,不分场合,眼不离镜,久而久之就会使视力下降,视物模

物理猜想·

糊，严重时会产生头痛、头晕、眼花和不能久视等症状。医学专家将上述症状称为"太阳镜综合征"。预防太阳镜综合症，一是要正确选择和合理使用太阳镜。不要选择大框架眼镜。因为此种镜架多是进口的，是根据外国人脸型设计的，而我国成年人双瞳孔的距离多数小于进口的大框架眼镜的光学中心距离，配戴这种眼镜会大大增加眼球调节功能的负担，损害视力。至于街摊上出售的廉价太阳镜，制作十分粗糙，镜片厚薄不一，颜色也不均匀，光学性能很差，戴上后易引起头痛、眼痛、疲劳等不适感，经常戴这种劣质太阳镜，极易导致视力下降。其次，尽可能不戴大型太阳镜。必须戴时要缩短戴镜时间，摘镜后用手掌沿眼眶、鼻部两侧按摩10～20次，一旦出现了太阳镜综合症状，应停止戴用。

太阳镜配戴不当易患眼疾，阴天、室内等光线暗的情况下没有必要戴太阳镜。有些人不分场合，不论太阳光强弱，甚至在黄昏、傍晚以及在看电影、电视时也戴着太阳镜，这必然会加重眼睛调节的负担，引起眼肌紧张和疲劳，使视力减退、视物模糊，严重时会出现头晕眼花等症状。对于视觉系统发育尚不完善的婴儿、儿童等不宜配戴太阳镜。除了玻璃片的太阳镜外，其他的太阳镜镜片材料耐磨性不高，使用者应经常注意太阳镜的表面情况，当磨损影响清晰度时，应及时更换。

了解到太阳镜的物理原理，更要学会如何保养，清洗、收叠、存放都要养成习惯。太阳镜要经常脱脱戴戴，一不小心就会刮伤，所以要特别注意。

物理链接　WU LI LIAN JIE　　物理链接　WU LI LIAN JIE　　物理链接　WU LI LIA

紫外线

　　紫外线是电磁波谱中波长从0.01~0.40微米辐射的总称。自然界的主要紫外线光源是太阳，太阳光透过大气层时波长短于米的紫外线被大气层中的臭氧吸收掉。人工的紫外线光源有多种气体的电弧，紫外线有化学作用能使照相底片感光，荧光作用强，日光灯、各种荧光灯和农业上用来诱杀害虫的黑光灯都是用紫外线激发荧光物质发光的。紫外线还有医疗作用，能杀菌、消毒、治疗皮肤病和软骨病等。

照耀未来的激光

| 揭秘激光之谜 |

激光自诞生以来,就在许多领域大显身手:它能使不再年轻的面容重新焕发青春,让几个世纪以前的艺术品褪去陈旧的外貌而重放光彩,这就是激光,一种直接从微观粒子中汲取能量的集聚物。

激光并非只是科幻影片中最有用的射线,早在1917年,爱因斯坦最先提出这样一种假设:光的发射与吸收可经由受激吸收、受激辐射与自发辐射3种基本过程。20世纪50年代,科学家找到将它用在器件上的方法。爱因斯坦在1917年就提出了受激辐射理论,但只是到了1958年,当美国物理学家阿瑟·肖洛和查理·汤斯申请第一台激光装置的专利时才算真正诞生。两年后,物理学家西奥多·梅曼在红宝石结晶体中观察到第一条激光束,同一时期,伊朗裔美国物理学家阿里·亚尔万制造了第一台氦——氖激光装置。从那时起,激光开始应用于不同的领域:从制造奇特的宝石项链到不伤害肌体的外科的手术,从难于操作的工业焊接到迪斯科舞厅的灯光布置。几十年后的今天,激光已经成为一种不可替代的工具。从商品上的条形码到尖端的外科手术,从激光打印机到激光雷达,激光显然已经成为照耀现代科技的一道光芒。

激光是一种特殊的光,它能把巨大的能量投向一个很小的范围,这束光可能强到足以汽化很硬或很耐热的材料。这都是电子的功绩,它作为对能量"饱餐一顿"之后,被迫整齐划一地、及时地复原成光子。激光是强烈的单色光,只有一种颜色,不同于太阳光和灯光,后两种光是由各种类型的能量组成,具有各种颜色,而激光红宝石的电子得到的是红激光束,而绿或蓝激光束的获得是激发氩或氪的气体"云"。这样人们就可以根据不同颜色即不同能量,正确地应用激光。

激光的新用途有很多,激光可以品酒,过去酒的味道好坏一般都是由老资格的品酒师亲口评定。这种评酒方式既费时,鉴定的标准又不一定公正、客观。

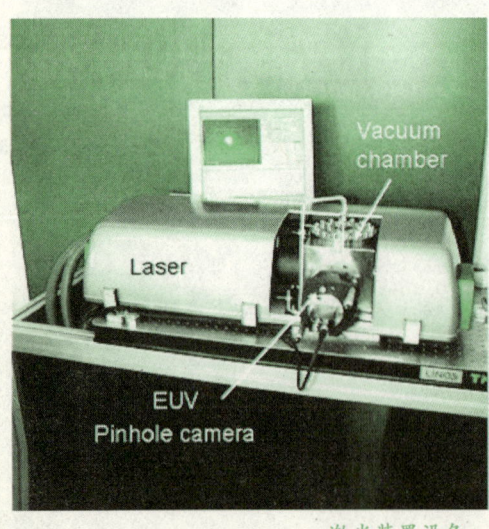

激光装置设备

物理猜想

美国物理学家培亚特发明了一种"品"酒的激光装置，它不但能品尝出酒的味道，而且还能测出酒的酿造时间。培亚特是通过测量酒中离子的大小和数量而得出结论的，他用投射激光束穿透盛酒的试管，酒中离子散射的强弱和方向便在图像上显示出来。由于各种酒各有不同的漂浮离子，因而图像上构成独特的曲线。含有大离子的酒散射出大量的光并呈现出升降急剧的曲线，这种酒的味道是低劣的。好味道的酒显示出的曲线是平滑的，即酒中所含离子的大小是均匀的，因而酒味亦特别醇。激光还能戒烟，国外医学家利用激光，对吸烟者进行耳穴照射，就能够永久性地戒掉他们中的大多数人的烟瘾。这种激光戒烟术，依据的是我国传统的针刺疗法理论，现已获得80%的成功率，新加坡的两位医学家花了8个月的时间完成了这一试验。吸烟给人带来一种十分强烈的刺激，产生自身宿氨酸肽，也就是自身的吗啡激素。一旦停止吸烟后，吗啡激素含量指数降得太低，人往往就会烦躁不安、神经紧张，甚至产生恐慌。激光戒烟就是通过控制人体内吗啡激素的含量，使人们在戒烟时神经放松，而不至于情绪太坏。激光的疗法会改变吸烟者对吸烟的味觉，增多唾液和调节自身吗啡激素。经过二三次的治疗，接受治疗的吸烟者有的对香烟的味道很反感，有的开始感到香烟中难忍的苦味，有些人一点也不肯品尝香烟。激光戒烟不仅没有痛觉，而且没有任何感觉，既安全，又迅速。

激光能够缝衣，英国科学家最近利用激光代替针线，成功地"缝制"了一件衬衫，这项创举对传统服装业提出了

激光实验

新的挑战。科学家首先将一层能够吸收红外线的液体涂在衬衫要"缝合"的部位，然后将边沿叠在一起，使液体夹在两层要"缝合"的衣料之间；再利用低能量红外线激光照射这个重叠部分，将这种化学流体加温使衣料轻微融化，从而焊接要"缝合"的部分。利用这种技术"缝"出来的各类衣物十分结实、耐用，而且适用于羊毛衣、透气衣及目前流行的弹性衣料。在"缝合"防水衣物时，这种技术尤其派得上用场，因为现在缝制这种衣物，必须对接口进行防水加工，但用激光"缝合"，完工后接口已经变得滴水不漏。

沙藏、灰藏、窖藏……很久以前人们就开始研究应用食物的保鲜储藏方法。直到今天，化学熏蒸法、冷藏法、生物杀菌法乃至高压放电气体保鲜法等应运而生，但始终没有哪个"法"能比得上激光辐射保鲜储藏法。激光辐射保鲜储藏技术，也就是以高能射线与物质作用产生物理效应和生物效应的理论和技术为基础，使用γ射线、X射线和电子射线对食品进行照射，从而达到杀虫、灭

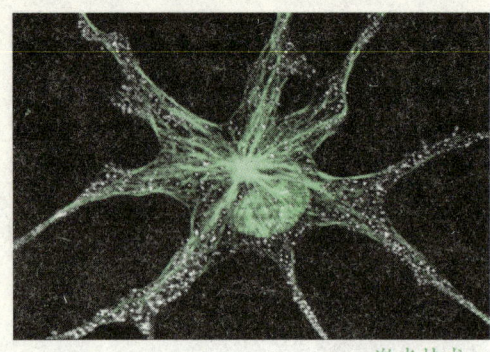

激光技术

菌、提高食品卫生质量、保持或改善食品的营养品质和原有风味，以及延长食品储藏期和销售期的目的。例如粮食，全球收获的粮食由于受害虫、微生物危害，每年损失20%左右，我国近年来的损失率约18%。尽管已经广泛地应用了化学熏蒸技术，但这些化学农药始终无法彻底地杀死存在粮食表面或内部的各种病虫细菌。唯有使用射线辐射，才可望把它们灭绝而避免损失。

水果保鲜更是难上加难，水果之所以采摘后会很快腐烂，是由于果实所携带的细菌、霉菌、寄生昆虫作祟，而对付它们的最好办法是辐射。这也就是在美国本土自然储藏的商品期只有3～6天的草莓，如今竟能新新鲜鲜漫游全世界的奥秘了。辐射，还能抑制根茎类作物的成熟发芽，这就使得那些须长期保存待来年作种子的薯类、洋葱等，久藏而不坏。连那些带皮食用的娇嫩的浆果都可以借助辐射的神力而鲜藏，更不用说那些水产品、禽畜肉类、蔬菜、干杂山货等了。辐射技术保鲜几乎囊括了人类的全部食品。如今它的应用甚至扩展到了化工材料的辐射加工、商品的无损消毒、养护。其独到的效果和优良的性能，无不令人叫绝。当然人类最关心的首要问题还是：使用经辐射过的食品安全吗？40多年的研究结果是令人皆大欢喜的：一切食品在辐照强度数量级103～105拉的范围内进行辐射，人类使用的安全性是不容置疑的。激光辐射鲜藏技术以它无可比拟的优越性得到了人类的青睐，如今，连许多发展中国家也都以空前的热情来研究、推广应用这一技术。

激光已成为当今的关键技术，为优质、高效和低成本的加工生产开辟了广阔的前景。在未来的岁月中，激光会带给我们更多的奇迹。

物理链接 WU LI LIAN JIE　物理链接 WU LI LIAN JIE　物理链接 WU LI LIA

激光的颜色

激光的颜色取决于激光的波长，而波长取决于发出激光的活性物质，即被刺激后能产生激光的那种材料。刺激红宝石就能产生深玫瑰色的激光束，它应用于医学领域，比如用于皮肤病的治疗和外科手术。公认最贵重的气体之一的氩气能够产生蓝绿色的激光束，它有诸多用途，如激光印刷术，在显微眼科手术中也是不可缺少的。半导体产生的激光能发出红外光，因此我们的眼睛看不见，但它的能量恰好能"解读"激光唱片，并能用于光纤通信。

物理猜想·

音箱中的物理学知识

| 揭秘声学之谜 |

声学是研究弹性介质中声波的产生、传播、接收和各种声效应的物理学分支学科。

声音由物体的振动而产生，通过空气传播到耳鼓，耳鼓也产生同率振动。声音的高低取决于物体振动的速度。物体振动快就产生"高音"，振动慢就产生"低音"。物体每秒钟的振动速率，叫做声音的"频率"。较小的乐器产生的振动较快，较大的乐器产生的振动较慢。如：双簧管的发音比它同类的大管要高；小提琴的发音比大提琴高；按指的发音比空弦音高；小男孩的嗓音比成年男子的嗓音高等等。声音的传播通常通过空气，一条弦、一个鼓面或声带等的振动使附近的空气粒子产生同样的振动，这些粒子把振动又传递到其他粒子，这样连续传递直到最初的能渐渐耗尽。压力向邻近空气传播的过程产生我们所说的声波。声波与水运动产生的水波不同，声波没有朝前的运动，只是空气粒子振动并产生松紧交替的压力，依次传递到人或动物的耳鼓产生相同的影响，引起我们主观的"声音"效果。

声学是物理学的一个重要分支，从远古开始人类就已经开始对声现象给予了高度的重视，发展到现代，声学已成为一门独立的科学，并逐渐形成了一整套完善的声学理论体系，并在社会生活中发挥了重要作用。随着社会的发展，人们的生活质量大幅度提高，对于文化生活的要求也愈来愈高，就音响技术而言，从最初的电唱机，录放音机发展到今天以激光技术为核心的CD、VCD、DVD，标志着音响技术从模拟信号向数字信号的革命性的飞跃，但无论传统的模拟信号音响设备还是现代的数字信号音响设备都离不开最终的重放单元——音箱。音箱又称扬声器箱，主要由扬声器、箱体、分频网络等组成，是以改善音质为目的的扬声器系统。扬声器是利用振膜（纸盆）的振动去推动空气振动

音箱设备

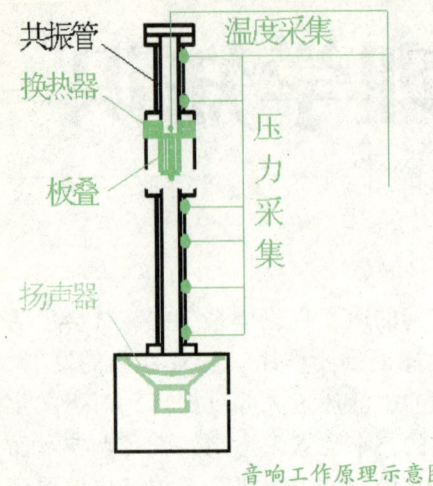

音响工作原理示意图

而发生的,声波是纵波,在振膜向前推动的瞬间,振膜前的空气由于被压缩而变得密集,即产生所谓密部,振膜后面的空气则变得稀疏,即产生疏部;在振膜向后振动的瞬间,前后空气的疏密状况正好相反。从物理专业术语的角度来讲,从扬声器振膜前面和后面所发出来的声音,正好相位相反。在声波低频范围内,其衍射能力很强,后面的声波可能衍射到振膜前方,由于相位相反,在前面某点会产生反相干涉现象而使声波相互抵消而听不到声音的现象,称之为声短路。而高音区即高频声波由于波长较短的缘故,很难发生衍射现象,因此,声短路一般只发生在300Hz以下的低频范围内。而音箱的箱体具有分割前后声波不致使之抵消的作用,而且如果箱体设计适当,还可能发出超过扬声器单元本身的性能。

音箱的结构和形式很多,但最常见的有两种类型,即封闭式音箱和倒相式音箱。封闭式音箱除扬声器口外,其余全部封闭。于是,扬声器纸盆前后被分成两个互不通气的空间。因为这种音箱具有良好的密封性能,因而扬声器后产生的声波很难发生衍射,从而有效消除了由于声波的干涉所引起的声短路现象。但这种音箱也存在明显的缺点——由于箱体密闭,纸盆的振动会引起箱内空气反复压缩和膨胀,因此箱体的材料必须具有足够的强度,否则会产生板的振动而影响性能。另外,封闭式音箱的纸盆后面是一个不大的密闭空间,这一空间的空气会对纸盆的振动产生驱动力,类似于纸盆后串接一根弹簧,从而使扬声器共振频率提高,此弹力变化较复杂,所以增加了设计的难度。倒相式音箱,在封闭箱的前面板上开一个附加的出音孔,并在倒相孔后安装一个导声管,便构成了倒相式音箱。倒相管内的空气的作用与纸盆类似,形成一个附加的声辐射器,通过合理设计倒相孔的大小,使箱内空气和倒相孔内空气发生共振,将声波的相位倒转180°,这样从纸盆后面反射的声波与通过倒相孔辐射出来的声波与前面的声波发生叠加。当音箱的共振频率等于或稍低于扬声器的共振频率时,倒相孔辐射的声波与纸盆前面辐射的声波呈同相叠加,即同相干涉,从而加强了低频辐射。

倒相式音箱与封闭式音箱相比,具有明显的优点:在封闭式音箱中,纸盆向后辐射的声波被完全吸收,因而有近1/2的辐射功率被白白损耗。而倒相式音箱则充分利用了扬声器的后辐射声波,因而大大提高了低频辐射的声压级,扩展了低频重放的下限频率。封闭式音箱在其共振频率附近音盆振幅最大,故由定心支片等的非线性位移也最大。但倒相式音箱由于倒相孔空气质量的声阻，在共振频率附近音盆的振幅却最小，使非线性失真也减至最小。倒相式音箱的容积可以比封闭式音箱小，在相同的低频重放下限频率的条件下，倒相式音箱由于其原理上的优势使得其体积大约为封闭式音箱的60%～70%。由于上述原因，倒相式音箱被广泛应用于剧场、影院、专业监听音箱中，也广泛用于高质量的组合音响中。但倒相式音箱的缺点也不容忽视，例如它在音箱谐振频率以下的低频带的辐射声压级比封闭式音箱衰减快，容易产生低频"轰隆"声，设计和结构比较复杂。

高保真放声的频率范围要求40～16000Hz，使用单只扬声器重放整个频率范围的声音是十分困难的，在技术实践上几乎不可能做到。因此，高保真音箱通常不只是单只扬声器音箱，而是组合音箱，即采用几只扬声器单元的组合方式，每只单元工作在不同频率范围以给出均匀的频率特性和指向特性。将扬声器系统的整个频率范围划分成几个频带就是依靠分频器来完成的。电感线圈低频阻抗小，故低频信号容易通过，而高频信号难以通过，即具有所谓"通低频阻高频"的特性；而电容器则相反，频率低时阻抗大，故低频信号难以通过，高频信号容易通过，即具有所谓"通高频阻低频"的特性。故在输入信号过程中，选用不同自感系数和电容的电感线圈和电容器串联或并联在功率放大器之前或之后组成分频网络，将高、中、低频信号从混合音频信号中进行筛选和分离，输入不同的扬声器中，便能实现频率的分离和重放，从而重放出不同频率成分的声音，成为高质量的放声系统。

音箱的设计和制作不但是一门技术，更是一门艺术，它综合运用了力学、电学、声学以及美学等各个领域的知识，因此在使用音箱的时候可以学到不同的学科知识。

物理链接 WU LI LIAN JIE **物理链接** WU LI LIAN JIE **物理链接** WU LI LIA

箱 体

箱体用来消除扬声器单元的声短路，抑制其声共振，拓宽其频响范围，减少失真。音箱的箱体外形结构有书架式和落地式之分，还有立式和卧式之分。箱体内部结构又有密闭式、迷宫式、对称驱动式和号筒式等多种形式，使用最多的是密闭式。家庭影院系统的前置主音箱为立式音箱，有使用书架式的，也有使用落地式的，这要根据视听室面积大小、功放功率大小及个人爱好而定。超重低音音箱以带通式和双腔双开口式居多，其次是密闭式。

上帝的粒子

希格斯玻色子未解之谜

希格斯玻色子是粒子物理学标准模型预言的一种自旋为零的玻色子。它被认为是构成物体质量的一种东西,若是没有它,或者属性有些许不同,恒星、行星乃至人类自身,就不可能产生。

希格斯玻色子被认为是物质的质量之源,"上帝粒子"是1988年诺贝尔物理学奖获得者莱德曼对希格斯玻色子的别称。这种粒子是物理学家们从理论上假定存在的一种基本粒子,目前已成为整个粒子物理学界研究的中心,莱德曼更形象地将其称为"指挥着宇宙交响曲的粒子"。自1899年汤姆生爵士发现电子开始,直至如今,在一个多世纪的时间里,人类一直孜孜不倦地探索着微观世界的奥秘。1995年3月2日,美国费米实验室向全世界宣布他们发现了顶夸克时,一套称之为标准模型的粒子物理学模型所预言的62个基本粒子中的61个都已经得到了实验数据的支持与验证,看上去标准模型马上就要获得决定性的胜利,对物质微观结构的探索已经到达了它的尾声,似乎人类也马上就要听到这一跌宕起伏的,充满了高潮与华彩的探索乐章的终曲,但是仍然有一个粒子,游离在这座辉煌的大厦之外,仿佛一个幽灵,这就是希格斯粒子,而且就是这个粒子可能会击垮整座大厦。但是也许会为我们揭示出一条全新的探索旅途。就让我们先来回顾一下20世纪中期以来粒子物理学的发展历史,以及现在所处于主流的标准模型理论。

粒子物理学在20世纪50年代,经历了一个短暂的困难时期,按照诺贝尔奖得主、电弱统一理论提出者之一的斯蒂芬·温伯格的话来说那是"一个充满挫折与困惑的年代",几乎当时已经应用的理论都遇到了很大的问题。这些困惑激励着物理学家们给出新的解答,从60年代开始,基于杨-米尔斯的非阿贝尔规范场理论,逐步构建完成了现代的标准模型理论。今天,标准模型早已成为粒子物理学的主流理论,它的很多预言不断为一个又一个激动人心的实验成果所证

孜孜不倦地探索

实。标准模型是一套描述强作用力、弱作用力及电磁力这三种基本力及组成所有物质的基本粒子的理论。它属于量子场论的范畴,但是没有描述重力。费米子组成物质的粒子,而玻色子负责传递各种作用力。电弱统一理论与量子色动力学在标准模型中合并为一,这些理论都基于规范场论,即把费米子跟玻色子配对起来,以描述费米子之间的力。由于每组中介玻色子的拉格朗日函数在规范变换中都不变,所以这些中介玻色子就被称为"规范玻色子"。标准模型所包含的玻色子有:负责传递电磁力的光子;负责传递弱核力的W及Z玻色子;负责传递强核力的8种胶子。

我们最初提到的希格斯子,也是一种玻色子,然而它与上述这些规范玻色子不同,希格斯粒子负责引导规范变换中的对称性自发破缺,是惯性质量的来源,因此并不是规范玻色子。那么为何质量问题如此重要呢?要解答这个问题,必须回到20世纪60年代理论探索的开始阶段。在研究过程中,杨-米尔理论无论应用到弱还是强相互作用中所遇到的主要障碍就是质量问题,由于规范理论规范对称性禁止规范玻色子带有任何质量,然而这一禁忌却与实验中的观测不相符合,如果不能解决质量问题,将使得整个研究失去基础。一开始人们试图通过自发对称破缺机制,即打破规范理论中拉氏量对称性的严格要求,使得物理真空中的拉氏量不再满足这种对称性,然而到了1962年,每一个自发对称性破缺都被证明必定伴随着一个无质量无自旋粒子,这无疑也是不可能的。1964年,英国物理学家希格斯解决了这

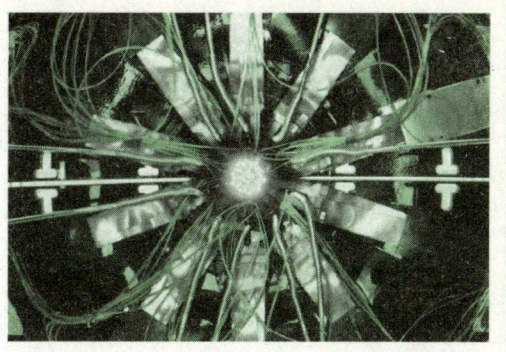

大型离子碰撞测验的探测器

个问题,使得自发对称性破缺发生时,那个无质量无自旋粒子仍然存在,但它将变成规范粒子的螺旋性为零的分量,从而使规范粒子获得质量。这一方法被今天的标准模型所借鉴,标准模型通过引入基本标量场——希格斯场来实现希格斯机制。通过希格斯场产生对称性破缺,同时在现实世界留下了一个自旋为零的希格斯粒子。这样我们也就明白了为何希格斯粒子如此重要的原因,可以说它是整个标准模型的基石,如果希格斯粒子不存在,将使整个标准模型失去效力。

然而希格斯粒子的真面目却始终无缘现身,有几次,人们似乎已经发现了希格斯粒子的踪影,然后它却似乎是故意在人们面前闪现一下影子,然后就如同鬼魅般消失在幽暗之中了。另一次在2003年,物理学家试图通过位于美国芝加哥的费米实验室的正负质子对撞机,让质子与反质子相互对撞分析出希格斯粒子的运动轨迹,试图证实或否定先前的实验结果。但是由于先前计划从旧实验中回收反质子的方案并不可行,而且存在已有二十年之久的正负质子对撞机同样也到了更换的阶段,需要很长的时

太空实验

间来修复，因此费米实验室的研究遇到了一定的挫折。然而人们似乎已经下定决心一定要找到这个神秘的粒子。2008年8月，靠近瑞士和法国边境的欧洲核子研究中心开始运行新的大型质子对撞机。这架大型质子对撞机安放在位于地下175米深处，周长约为27千米的隧道中，造价约为80亿美元。计划实施时，将有来自34个国家150个研究实验室近2000名科学家参加。乐观的估计，将在2010年前后提供一个确切的答案。不过希格斯认为，美国费米实验室的万亿电子伏特加速器可能已经获得了希格斯玻色子存在的数据。

物理学家们怀着对科学的热爱和虔诚，一直致力于理解物质的真正本质，完成对所有物理现象的统一理论，从而获得整个世界的终极知识。相信在高科技的探寻下，不久希格斯粒子将会出现于人类的视野中。

物理链接 WU LI LIAN JIE

粒 子

粒子是能够以自由状态存在的最小物质组分。最早发现的粒子是电子和质子，电子、质子和中子比起原子来是更为基本的物质组分，于是称之为基本粒子。这些粒子中有些粒子迄今未发现其有内部结构，有些粒子实验显示具有明显的内部结构。粒子并不是中子、质子等实际存在的具体的物质，而是它们的统称，是一种模型理念。就好比说"动物"，有狮子、老虎等，但并没有"动物"这种生物，所以"动物"一词是一个统称，"粒子"也一样。

物理猜想·

面粉为何会爆炸

揭开面粉爆炸之谜

在第二次世界大战期间,希特勒的空军不断轰炸英国,炸弹从天而降。英国一家面粉厂的厂主暗自庆幸炸弹没有击中他的厂房,但几乎与炸弹落下的同时,车间自己却发生了大爆炸,屋顶飞上了天,爆炸的威力超过了炸弹的破坏作用。与此同时,其他几家面粉厂也发生了爆炸。

这种奇特的爆炸使工厂损失惨重,而且令人莫名其妙,因为没有炸弹落到厂房上,况且车间里只有面粉和机器,没有炸药一类爆炸物品。那么,产生这种奇怪的爆炸原因是什么呢?原来,由于炸弹爆炸的气浪掀起了车间里的面粉粉尘,使得空气中所含的面粉达到了一定的浓度,并且遇火后发生了爆炸,爆炸物是面粉。面粉厂里的粉碎机要把小麦加工成很细很细的面粉,粉碎机就要消耗电能而对被加工的物料做功,使物料被粉碎。其中,粉碎机所做的功一部分转化成能量,而储存在被粉碎以后的物质颗粒表面,这部分能量在物理化学中被叫做"表面能"。并且,对于一定的物质来说,被粉碎的程度越大,即颗粒越小,则表面积越大,那么表面能也就越大。例如,一块1千克重的二氧化硅的表面能为0.2焦耳,这是很小的,它只相当于把1千克的物体举高0.02米所做的功。但是,若把它粉碎成面粉一样细小的粉尘后,其表面能可达 $2.7×10^6$ 焦耳,即相当于把同样重的物体举高2700米所做的功,表面能竟增大了1000万倍。

由于粉尘具有这么高的表面能,同大块的物料相比,它就很容易发生物理变化或化学变化将其能量释放出来。这个道理就好似由于高处的水比低处的水的势能大,因此它要向低处流一样。所以,这些平时看起来微不足道的细小粉

爆炸

礼花

尘只要遇适宜的条件，它就会迅速地发生激烈的燃烧反应，在瞬间放出巨大的能量，这样一个令人惧怕的事——面粉爆炸也就随之发生。不光是面粉，凡是易燃烧的粉尘如可可、软木、木材、轻橡胶、皮革、塑料，以及几乎所有的有机化合物和各种无机材料如硫、铁、镁、钴等的粉尘，如果这些粉尘在空气中达到一定的浓度时，只要一遇到明火，即使是星星之火，也会引起一场轩然大波——发生剧烈的爆炸，而且有时这些细尘的爆炸也绝不亚于炸弹的破坏作用。例如，在1846年，英国的哈尔威煤矿发生了一次大爆炸，当时著名科学家法拉第为英国内务部调查这次爆炸事件的报告上曾这样写道："甲烷混合物的燃烧和爆炸会掀起存在于坑道里的全部煤尘，并且使之着火。"

爆炸，我们最熟悉、最感兴趣的爆炸大约要算是鞭炮炸响了。就让我们以鞭炮为例，来具体看看爆炸是怎么一回事吧。鞭炮中填装的黑色粉末是火药，它是用硫黄、木炭粉和硝酸钾混合而成的。在这3种成分中，硫黄和木炭是可燃物质，与氧气化合时会产生二氧化硫、一氧化碳和二氧化碳等气体；硝酸钾在燃烧时会分解放出氧气，帮助硫黄和木炭迅速燃烧。鞭炮的引线点燃后，会一直烧到鞭炮里的火药中。这时，里面的火药急骤燃烧起来，放出大量的热，同时生成许多气体，这时火药的体积会猛增1000多倍，外面那层紧裹着的草纸层当然受不了这么大的压力，于是，"啪"的一声，草纸层炸破了。鞭炮里发生的是小型的爆炸。如果我们将鞭炮做得很大，比如说有一个人那么大，里面装进燃烧能力比火药更强的炸药，外壳包装换上结实的钢板，那么，这大"鞭炮"的爆炸就很可怕了。事实上，这样的大"鞭炮"是有的，就是人们称为"炸弹"的那类装置。

爆炸并不是非要在燃烧的情况下才能发生的，比如家庭里利用高压锅煮食物，如果高压锅的安全阀小孔被堵塞住了的话，那么锅里产生的大量水蒸气无路可走，就可能将锅胀破，发出砰然轰响，这也是爆炸。又如，原子核发生裂变时会放出巨大的能量，如果不加控制地让原子核发生裂变的链式反应，那样产生的能量将是极为可观的。实际上，原子弹就是利用这一原理制造的。原子弹爆炸的威力，任何东西都是难以抗拒的。另外，爆炸也不一定非要在密闭容器里发生，如果燃烧范围较广，速度又非常快的话，那就会使周围的空气迅速猛烈膨胀，从而发生爆炸。

粉是可以引起爆炸的，不但是面粉，就连砂糖这类给人留下甜美印象的物质也可能发生爆炸。在工业史上，面粉厂和使用砂糖、面粉做原料的食品厂，爆

物理猜想·

炸事故并不罕见。那么，面粉和砂糖爆炸的原因是什么呢？原因是多方面的。首先，面粉和糖的组成中都含有碳、氢等元素，它们都是可以发生燃烧的物质。不过，虽然面粉和砂糖都是可燃物，但我们从平时的生活实践中知道，它们决不会像黑火药那样一点就燃。它们爆炸的重要条件是粉尘的颗粒特别细。那些工厂在生产过程中，产生大量的面粉和砂糖的极细的粉尘，这些粉尘又到处飞扬飘动。当这些粉尘悬浮于空中，并达到很高的浓度时，比如每立方米空气中含有9.7克面粉或9克砂糖时，一旦遇有火苗、火星、电弧或适当的温度，瞬间就会燃烧起来，形成猛烈的爆炸，其威力不亚于炸弹。粉尘之所以会成为"炸药"，是因为粉尘具有较大的表面积。与块状物质相比，粉尘化学活动性强，

烟花

接触空气面积大，吸附氧分子多，氧化放热过程快。当条件适当时，如果其中某一粒粉尘被火点燃，就会像原子弹那样发生链式反应，爆炸就发生了。

我们的生活周围有许多危险的物品，看似安全的背后隐藏着巨大的危险，这就需要我们小心防范，让这些危险品始终处于安全状态。

物理链接 WU LI LIAN JIE　物理链接　WU LI LIAN JIE　物理链接　WU LI LIA

爆　炸

　　爆炸是物质非常迅速的化学或物理变化过程，在变化过程里迅速放出巨大的热量并生成大量的气体，此时的气体由于瞬间存在于有限的空间内，故有极大的压强，对爆炸点周围的物体产生强烈的压力，当高压气体迅速膨胀时形成爆炸。爆炸可分为三类：由物理原因引起的爆炸称为物理爆炸，如压力容器爆炸；由化学反应释放能量引起的爆炸称为化学爆炸，如炸药爆炸；由于物质的核能的释放引起的爆炸称为核爆炸，如原子弹爆炸。

制冷王国的秘密

揭开冷冻之谜

制冷从本质上讲就是让空气中分子运动减慢,形象点说就是让空气冷却。利用天然冰等自然源过渡到人工制冷,是制冷技术发展的初始阶段。

制冷系统由4个基本部分即压缩机、冷凝器、节流部件、蒸发器组成。由铜管将四大件按一定顺序连接成一个封闭系统,系统内充注一定量的制冷剂。一般的空调用制冷剂为氟里昂,以往通常采用的是R22,现在有些空调的氟里昂已经采用新型的环保型制冷剂R407。以上是蒸气压缩制冷系统。以制冷为例,压缩机吸入来自蒸发器的低温低压的氟里昂气体压缩成高温高压的氟里昂气体,然后流经热力膨胀阀,节流成低温低压的氟里昂汽液两相物体,再然后低温低压的氟里昂液体在蒸发器中吸收来自室内空气的热量,成为低温低压的氟里昂气体,低温低压的氟里昂气体又被压缩机吸入。室内空气经过蒸发器后,释放了热量,空气温度下降。如此压缩——冷凝——节流——蒸发反复循环,制冷剂不断带走室内空气的热量,从而降低了房间的温度。制热时,通过四通阀的切换,改变了制冷剂的流动方向,使室外热交换器成为蒸发器,吸收了室外空气的热量,制冷剂一般采用氟里昂或者溴化锂。

车辆的制冷系统由制冷剂和四大机件(即压缩机,冷凝器、膨胀阀、蒸发器)组成。一般制冷机的制冷原理压缩机的作用是把压力较低的蒸气压缩成压力较高的蒸气,使蒸气的体积减小,压力升高。压缩机吸入从蒸发器出来的较低压力的工质蒸气,使之压力升高后送入冷凝器,在冷凝器中冷凝成压力较高的液体,经节流阀节流后,成为压力较低的液体后,送入蒸发器,在蒸发器中吸热蒸发而成为压力较低的蒸气,再送入蒸发器的入口,从而完成制冷循环。单级蒸气压缩制冷系统,是由制冷压缩机、冷凝器、蒸发器和节流阀四个基本部件组成。它们之间用管道依次连接,形成一个密闭的系统,制冷剂在系统中不断地循环流动,发生状态变化,与外界进行热量交换。制冷系统的基本原理

制冷保鲜设备

是液体制冷剂在蒸发器中吸收被冷却的物体热量之后，汽化成低温低压的蒸气、被压缩机吸入、压缩成高压高温的蒸气后排入冷凝器、在冷凝器中向冷却介质水或空气放热，冷凝为高压液体、经节流阀节流为低压低温的制冷剂、再次进入蒸发器吸热汽化，达到循环制冷的目的。这样，制冷剂在系统中经过蒸发、压缩、冷凝、节流四个基本过程完成一个制冷循环。

在制冷系统中，蒸发器是输送冷量的设备，制冷剂在其中吸收被冷却物体的热量实现制冷。压缩机是心脏，起着吸入、压缩、输送制冷剂蒸气的作用。冷凝器是放出热量的设备，将蒸发器中吸收的热量连同压缩机功所转化的热量一起传递给冷却介质带走。节流阀对制冷剂起节流降压作用、同时控制和调节流入蒸发器中制冷剂液体的数量，并将系统分为高压侧和低压侧两大部分。实际制冷系统中，除上述之外，常常有一些辅助设备，如电磁阀、分配器、干燥器、集热器、易熔塞、压力控制器等部件组成，它们是为了提高运行的经济性，可靠性和安全性而设置的。冷冻不仅仅用于食物保鲜，美国有5家公司专门从事在-200℃条件下保存逝者遗体的业务。许多人生前都怀有一种希望，这就是有朝一日在某种药物的帮助下能重新复活。选择在液氮中长眠的第一人是心理学家詹姆斯·贝德福德，他于1967年73岁时被癌症夺去了生命，从那时起有几十人仿效他的做法，而此外成千上万的人则签订了死后"冷藏"的合同。这些遗体在储藏时头部朝下，这样一旦自动化的控制系统失灵，可以使头部成为最后

冰箱

被解冻的部分。

与普通人的感觉完全不同，冰箱并不是"制造冷气的机器"，而是一种用来吸收食品中的热量的装置。它利用称为"制冷剂"的液体，将食品中的的热量"抽取"出来并转移到冰箱外面。制冷剂通过冰箱的一系列装置流动，主要包括3个基本的部件：压缩机、冷凝器和蒸发器，并不断重复同一个制冷循环。除少数环保冰箱外，现在普通家用冰箱的制冷剂大多还是氟利昂，要是二氯二氟甲烷，它储存在冰箱的专用容器中。当冰箱开始运转时，电动机带动压缩机开始工作，吸入处于低压和常温状态不的氟利昂蒸气，将其压缩成为高温高压约为10几个大气压的蒸气。这些处于高温高压状态下的氟利昂蒸气离开压缩机后被送往冷凝器。冷凝器是一种被多次弯曲的管子，称为"蛇形管"，一般是被安装在冰箱背后。由于进入冷凝器的氟利昂蒸气的温度比室温要高，热量就通过蛇形管的管壁向外散发，这样氟利昂蒸气的温度就降低了并从气态冷凝为液态，随后它离开冷凝器流向蒸发器。蒸发器由另一个蛇形管构成，同冰箱的内部接

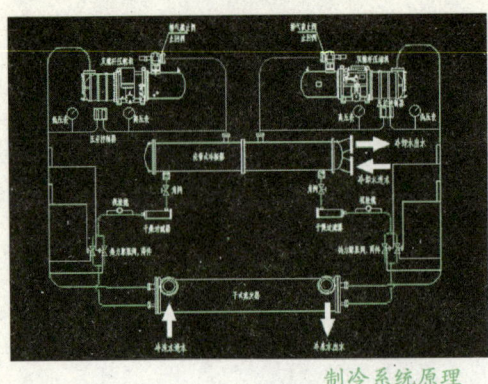

制冷系统原理

触。这个蛇形管比冷凝器的蛇形管要细一些,因此氟利昂的流动速度就加快了,随之而来的就是压力骤然下降,这符合所谓的伯努利原理。由于在蒸发器中压力急剧降低,氟利昂便剧烈蒸发,从液态变为气态,伴随这一过程的是温度降低。由于热量总是从较热的物体向较冷的物体上转移,所以冰箱中较热的食物就将热量转移到流动着氟利昂气体的蛇形管上,从而达到制冷的目的。上述过程完成之后,制冷剂——氟利昂气体又"整装待发",以便重新被压缩机"吸收",从而开始下一个循环过程。由于氟利昂会破坏臭氧层,现在已经被逐渐淘汰,改用其他的制冷剂,但它们制冷的原理是一样的。

冰箱主要有两种类型,一种是像家用冰箱那样的立式冰箱,另一种是通常为商店采用的柜式冰箱即冰柜。柜式冰箱用起来不太方便,但比前一种效率更高。事实上,每次打开家用冰箱的门时,由于冷空气比重大,大量冷空气会向下流动并被热空气替代。但这种现象是不会在柜式冰箱上发生的,而且柜式冰箱的优点还在于它很少有除霜的必要。从压缩要出来的制冷剂处于高压气态,当它进入冷凝器时就会释放热量,从而变成液态并进入储存器。随后制冷剂流入一个更细的管子中,压力随之下降。这种低压的液体变冷,当它进入同食物周围空气接触的蛇形管时,制冷剂再次变为气体,同时吸收了食物的热量。吸收热量后,制冷剂进入压缩机开始下一个循环。

我们使用的家用电器包含着许多物理知识,希望勤奋好学的朋友们去探索这些有趣的知识吧!

物理链接　WU LI LIAN JIE　物理链接　WU LI LIAN JIE　物理链接　WU LI LIA

氟利昂

氟利昂是破坏臭氧层的元凶,其化学性质稳定,不具有可燃性和毒性,被当作制冷剂、发泡剂和清洗剂,广泛用于家用电器、泡沫塑料、日用化学品等领域。氟利昂在大气中的平均寿命达数百年,所以排放的大部分仍留在大气层中,其中大部分仍然停留在对流层,一小部分升入平流层。在对流层相当稳定的氟利昂,上升进入平流层后,在一定的气象条件下,会在强烈紫外线的作用下被分解,分解释放出的氯原子同臭氧会发生连锁反应,而不断破坏臭氧分子。

物理猜想·

零高度飞行器
揭开磁悬浮列车之谜

磁悬浮列车是一种采用无接触的电磁悬浮、导向和驱动系统的磁悬浮高速列车系统。它的时速可达到500千米以上，是当今世界最快的地面客运交通工具，有速度快、爬坡能力强、能耗低、运行时噪声小、安全舒适、不燃油、污染少等优点。并且采用高架方式占用的耕地也很少。

磁悬浮技术利用电磁力将整个列车车厢托起，摆脱了摩擦力和令人不快的锵锵声，实现与地面无接触、无燃料的快速"飞行"。高速磁悬浮列车作为一种新型的轨道交通工具，是对传统轮轨铁路技术的一次全面革新。它不使用机械力，主要依靠电磁力使车体浮离轨道，就像一架超低空飞机贴近特殊的轨道运行。整个运行过程是在无接触、无摩擦的状态下实现高速行驶，因而具有"地面飞行器"、"超低空飞机"的美誉。

磁悬浮列车为什么能离开轨道飞驰呢？磁悬浮列车实际上是依靠电磁吸力或电动斥力将列车悬浮于空中并进行导向，实现列车与地面轨道间的无机械接触，再利用线性电机驱动列车运行。虽然磁悬浮列车仍然属于陆上有轨交通运输系统，并保留了轨道、道岔和车辆转向架及悬挂系统等许多传统机车的特点，但由于列车在牵引运行时与轨道之间无机械接触，因此从根本上克服了传统列车轮轨粘着限制、机械噪声和磨损等问题，所以它也许会成为人们梦寐以求的理想陆上交通工具。

磁悬浮列车利用"同名磁极相斥，异名磁极相吸"的原理，让磁铁具有抗拒地心引力的能力，使车体完全脱离轨道，悬浮在距离轨道约1厘米处，腾空行驶，创造了近乎"零高度"空间飞行的奇迹。由于磁铁有同性相斥和异性相吸两种形式，故磁悬浮列车也有两种相应的形式：一种是利用磁铁同性相斥原理而设计的磁悬浮列车，它利用车上超导体电磁铁形成的磁场与轨道上线圈形成的磁场之间所产生的相斥力，使车体悬浮运行的铁路；另一种则是利用磁铁异性相吸原理而设计的电动力运行系统的磁悬浮列车，它是在车体底部及两侧倒转向上的顶部安装磁铁，在T形导轨

磁悬浮列车

方便的磁悬浮列车

的上方和伸臂部分下方分别设反作用板和感应钢板,控制电磁铁的电流,使电磁铁和导轨间保持10~15毫米的间隙,并使导轨钢板的吸引力与车辆的重力平衡,从而使车体悬浮于车道的导轨面上运行。在位于轨道两侧的线圈里流动的交流电,能将线圈变为电磁体。由于它与列车上的超导电磁体的相互作用,就使列车开动起来。列车前进是因为列车头部的电磁体被安装在靠前一点的轨道上的电磁体所吸引,并且同时又被安装在轨道上稍后一点的电磁体所排斥。当列车前进时,在线圈里流动的电流流向就反转过来了。根据车速,通过电能转换器调整在线圈里流动的交流电的频率和电压。科学家将"磁性悬浮"这种原理运用在铁路运输系统上,使列车完全脱离轨道而悬浮行驶,成为"无轮"列车,时速可达几百公里以上。这就是所谓的"磁悬浮列车",亦称之为"磁垫车"。

根据吸引力和排斥力的基本原理,国际上磁悬浮列车有两个发展方向。一个是以德国为代表的常规磁铁吸引式悬浮系统,利用常规的电磁铁与一般铁性物质相吸引的基本原理,把列车吸引上来,悬空运行,悬浮的气隙较小,一般为10毫米左右。时速可达400~500千米,适合于城市间的长距离快速运输;另一个是以日本的为代表的排斥式悬浮系统,它使用超导的磁悬浮原理,使车轮和钢轨之间产生排斥力,使列车悬空运行,这种磁悬浮列车的悬浮气隙较大,一般为100毫米左右,速度可达每小时500千米以上。

磁悬浮列车与当今的高速列车相比,具有许多无可比拟的优点:由于磁悬浮列车是轨道上行驶,导轨与机车之间不存在任何实际的接触,成为"无轮"状态,故其几乎没有轮、轨之间的摩擦,时速高达几百公里;磁悬浮列车可靠性大、维修简便、成本低,其能源消耗仅是汽车的一半、飞机的四分之一;噪声小,当磁悬浮列车时速达300千米以上时,噪声只有656分贝,仅相当于一个人大声地说话,比汽车驶过的声音还小;由于它以电为动力,在轨道沿线不会排放废气,无污染,是一种名副其实的绿色交通工具。磁悬浮列车是自大约200年前斯蒂芬森的"火箭"号蒸气机车问世以来铁路技术最根本的突破。磁悬浮技术的研究源于德国,早在1922年德国工程师肯佩尔就提出了电磁悬浮原理,并于1934年申请了磁悬浮列车的专利。进入20世纪70年代以后,随着世界工业化国家经济实力的不断加强,为提高交通运输能力以适应其经济发展的需要,德国、日本、美国等发达国家相继开始筹划进行磁悬浮运输系统的开发。而美国和前苏联则分别在七八十年代放弃了这项研究计划,只有德国和日本仍在继续进行磁悬浮系统的研究,并都取得了令世人瞩目的进展。日本于1962年开始研究常导磁浮铁路，此后由于超导技术的迅速发展，从70年代初开始转而研究超导磁浮铁路。1982年磁浮列车的载人试验获得成功。德国1982年开始进行载人试验，列车的最高试验速度在1983年底达到每小时300千米，1984年又进一步增至400千米。目前，德国在常导磁浮铁路方面的技术已趋成熟。

世界上有三个国家不同类型的磁悬浮技术，即日本的超导电动磁悬浮、德国的常导电磁悬浮和中国的永磁悬浮。日本和德国的磁悬浮列车在不通电的情况下，车体与槽轨是接触在一起的，而我国利用永磁悬浮技术制造出的磁悬浮列车在任何情况下，车体和轨道之间都是不接触的。槽轨永磁悬浮是专为城市之间的区域交通设计的，列车在高架的槽轨上运行，设计时速230千米，既可客运，又可货运。暗轨磁悬浮设计时速110千米以下，适用于城内交通。这种轻型吊轨磁悬浮结构受力简单，节省材料，减轻了路和车的重量，便于高速运行。此外，轻型吊轨磁悬浮列车安全性能也非常好。由于列车镶嵌在吊轨中，杜绝了脱轨、翻车，也杜绝了追尾、撞车。这种轻型吊轨磁悬浮设计时速可达400千米，适用于城际之间的"人流"与"物流"投送市场，是专为大中型城市的区域经济圈设计的城际交通工具。

享有零高度飞行器的磁悬浮列车将会越来越受到大众的欢迎，它出色的表现将是人类高科技的又一大进步。

高速磁悬浮列车

电磁悬浮技术

电磁悬浮技术的主要原理是利用高频电磁场在金属表面产生的涡流来实现对金属球的悬浮。将一个金属样品放置在通有高频电流的线圈上时，高频电磁场会在金属材料表面产生一高频涡流，这一高频涡流与外磁场相互作用，使金属样品受到一个洛伦兹力的作用。在合适的空间配制下，可使洛伦兹力的方向与重力方向相反，通过改变高频源的功率使电磁力与重力相等，即可实现电磁悬浮。

翱翔在空中的精灵

探秘风筝飞天之谜

最早的风筝并不是玩具,而是用于军事、通信上。唐代晚期,有人在风筝上加入了琴弦,风一吹,就发出像古筝那样的声音,于是就有了"风筝"的叫法。

风筝主要是模仿大自然的生物,如雀鸟、昆虫、动物及几何立体等,图案方面主要由个人喜好而设计,形状各异。风筝的建造材料除了丝绢、纸张外,还有塑胶材料造的,骨杆由竹篾、木材及胶棒来造,近来有人设计一种无骨风筝,它的结构是引入空气于绢造的风坑之内,令风筝形成一个轻轻飘的气枕,然后乘风而上。中国、马来西亚、菲律宾及日本等,亦有一种大型的风筝,每到风筝节就将它放到高空中,这样的风筝有几米到几十米不等。

风筝是怎样飞到空中呢?这是许多人都想知道的问题。风筝的放飞离不开风,风的形成是光以热的形式辐射到地球上,使地球表面的温度发生变化,地球再把这种热能传给地球周围的空气,空气温度的变化影响了空气的密度,于是就有对流产生,这就是在地球表面或低空形成风的根本原因。"风"是流动的空气,有一定的质量,这种流动的空气蕴藏着巨大的能量。飓风能把大树连根拔起,能把房屋吹倒,能把大量的海水卷到空中。若形成"龙卷风",则能把人、畜、甚至小船吹到天空。不知有多少船只在风浪中被大海吞没,不知有多少人在风灾中失去了财产、生命。但人们并没有屈服于风的威力,而是想方设法利用它为人类造福,"帆"就是最早的利用风的工具之一。除帆以外,利用风力的重要工具还有风车,我国是最早利用风车的国家之一。荷兰是利用风车最普遍的国家。人们还可利用它来提水、磨面等。

风筝是人类利用自然力来实现飞行理想的一大发明,它巧妙地利用自然界的风力升到空中,并利用其水平运动来维持它在空中飞行。帆是利用风力在水平面上推动船只或车辆运动,"风车"

蝴蝶风筝

物理猜想

是利用风力使风车产生转动,因此,也可以说风筝比帆和风车在风力的利用上又前进了一步。风筝本身是一大发明,而风筝的出现又给以后飞机的发明创造了条件。因为根据相对性原理,如果在没有风的情况下,风筝在空中运动,也同样能够得到升力,这就是飞行的道理。当河水流得不太快时,我们观察河面上漂浮的树叶、纸屑等,可以发现当它们经过河面上某一个定点时,都以同样的快慢向着同一个方向前进。风筝能够起飞并在天空中飞行,必须具备的条件是要有一定的风力;风筝的本身必须有迎风的倾斜度,即风筝躯体迎风的平面与脚线构成"迎角";要有来自放飞点的牵引力,即拉力。这是因为放风筝必须用线牵引以利用风力,才能升起于空中。风力的大小是空气流动速度的快慢决定的,陆地上的风一般是与地面平行的,只依赖平行的吹动,是不能把风筝送上天的,必须使风筝形成一定的"升力",利用拴脚线的手段,使风筝在牵动时迎风的一面呈一定的倾斜度即"迎角"。这样对风筝的阻力就形成"升力",从而使风筝产生向上的运动,风力越大,风筝的风压越大,产生的升力也就越大。当升力大于风筝本身的重量时,风筝由于线的拉力而克服了阻力。风吹在带有迎角的风筝上所产生的升力克服了风筝的重力,从而使风筝扶摇直上蓝天。在放风筝时,开始要牵引着风筝顶风奔跑,就是为了增大风对风筝的阻力,从而产生更大的升力,使风筝很快起飞上天。

所有的风筝都有迎风面,由于面的大小、弹性、方向、角度以及距离施力点的远近和位置不相同,施力点一般在风筝重心的上方,承受空气压力的程度

巨型风筝

也就有差别,面积大、缺弹性,方向和气流成垂直角度的各个"面",受力较大。反之,有弹性,方向和气流成斜角的各个"面",所受的阻力较小。空气流到风筝前方,受到拦阻,风速减慢,压强增加,这就使邻近的气流发生膨胀,向风筝的两边和下方流动。流过后气流又逐渐收缩,越过风筝,继续向前流去。气流以一定的力量压在风筝的前面,同时又分为几段,分别从风筝的两端和下端流过,气流流过之后,由于惯性作用,一直向前冲,来不及立即绕到风筝的后面汇合,这种现象叫做气流分离。由于气流分离,风筝背后便形成了一个压强较低的区域,在这个低压区内,由于空气受到前进气流的带动而产生许多旋涡,于是形成了这样的情况,风筝前面的压强大,背后的压强小,造成压强差,压强差作用到风筝上,再加上空气对风筝

放飞的风筝

表面的摩擦力，就形成了一股力量，即总空气动力。

按照所起的实际作用，总空气动力可分解为两部分：一部分与气流方向垂直，起支持风筝重量的作用，并同它平衡，这就是升力；另一部分同气流方向一致，阻挡着风筝前进，这就是阻力。天气的好坏直接影响到放飞的效果。天气晴朗则风筝不致变形、破损、容易起飞。如果天气阴晦、空气潮湿，则对风筝放飞非常不利。这是因为，一来风筝本身黏附了许多水分，重量增加、蒙面变软、难以起飞；二来风筝被水汽润湿后，强度大变，放飞时被气流一吹，黏糊的地方就会脱胶，所以这种天气最好不要放风筝。

千百年来，我国人民根据气候特点选择气流平稳、天气干燥适中的春、秋季节作为放风筝的黄金季节，是很有道理的。风向和风力对风筝的升空有决定性的影响。所以，放风筝时先要看看是什么样的风，是长风还是阵风，是旋风还是上中下风，是地面风还是上风，还要注意风力的强弱，不同型号的风筝，放飞所需的风力不尽相同。一般说来，对中、小型风筝，2～4级时放飞最合适，5级风时也可以放飞；6级强风可放飞超大型、巨型风筝；7级以上的强风除特制风筝外，一般风筝都不能放飞。放风筝最重要的是要注意安全，放飞前要观察一下场物、场貌等，放风筝应选择没有高大建筑物、树木、线杆、电线及坑洼且较为宽阔的地方。

现在你们知道风筝的奥秘了吧！世界万物是多么的奇妙呀！就等着你去追求、寻找，打开你心灵的窗户，睁眼看世界，让疑团不要在你心头打转。

物理链接 WU LI LIAN JIE　**物理链接** WU LI LIAN JIE　**物理链接** WU LI LIA

中国的风筝

中国的风筝已有2000多年的历史，从传统的风筝上到处可见吉祥寓意和吉祥图案的影子。在漫长的岁月里，我们的祖先不仅创造出凝聚着中华民族智慧的文字和绘画，还创造了许多寓意吉祥的图案。它通过图案形象，给人以喜庆和祝福之意；它融合了群众的欣赏习惯，反映人们善良健康的思想感情，渗透着我国民族传统和民间习俗，因而在民间广泛流传。"福寿双全"、"龙凤呈祥"、"四季平安"等这些风筝表现着人们对美好生活的向往和憧憬。

物理猜想·

美丽的幻境
揭开海市蜃楼之谜

平静的海面、大江江面、湖面、雪原、沙漠或戈壁等地方，偶尔会在空中或"地下"出现高大楼台、城郭、树木等幻景，我们把这种幻景称作海市蜃楼。

蜃景不仅能在海上、沙漠中产生，柏油马路上偶尔也会看到。海市蜃楼是光线在沿直方向密度不同的气层中，经过折射造成的结果。蜃景的种类很多，根据它出现的位置相对于原物的方位，可以分为上蜃、下蜃和侧蜃；根据它与原物的对称关系，可以分为正蜃、侧蜃、顺蜃和反蜃；根据颜色可以分为彩色蜃景和非彩色蜃景等。蜃景有两个特点：一是在同一地点重复出现，比如美国的阿拉斯加上空经常会出现蜃景；二是出现的时间一致，比如我国蓬莱的蜃景大多出现在每年的5、6月份，俄罗斯齐姆连斯克附近蜃景往往是在春天出现，而美国阿拉斯加的蜃景一般是在6月20日以后的20天内出现。

自古以来，蜃景就为世人所关注。在西方神话中，蜃景被描绘成魔鬼的化身，是死亡和不幸的凶兆。我国古代则把蜃景看成是仙境，秦始皇、汉武帝曾率人前往蓬莱寻访仙境。现代科学已经对大多数蜃景做出了正确解释，认为蜃景是地球上的物体反射的光经大气折射而形成的虚像。发生在沙漠里的"海市蜃楼"，就是太阳光遇到了不同密度的空气而出现的折射现象。沙漠里，白天沙石受太阳炙烤，沙层表面的气温迅速升高。由于空气传热性能差，在无风时，沙漠上空的垂直气温差异非常显著，下热上冷，上层空气密度高，下层空气密度低。当太阳光从密度高的空气层进入密度低的空气层时，光的速度发生了改变，经过光的折射，便将远处的绿洲呈现在人们眼前了。在海面或江面上，有时也会出现这种"海市蜃楼"的现象。根据物理学原理，海市蜃楼是由于不同的空气层有不同的密度，而光在不同的密度的空气中又有着不同的折射率。也就是因海面上暖空气与高空中冷空气之间的密度不同，对光线折射而产生的。蜃景与地理位置、地球物理条件以及特定时间的气象特点有密切联系，气温的

沙漠蜃景

147

沙漠中的海市蜃楼

反常分布是大多数蜃景形成的气象条件。

在平静无风的海面航行或在海边瞭望，往往会看到空中映现出远方船舶、岛屿或城郭楼台的影像；在沙漠旅行的人有时也会突然发现，在遥远的沙漠里有一片湖水，湖畔树影摇曳，令人向往。可是当大风一起，这些影像突然消逝了。为什么会产生这种现象呢？要解答这个问题，得先从光的折射谈起。当光线在同一密度的均匀介质内进行的时候，光的速度不变，它以直线的方向前进，可是当光线倾斜地由这一介质进入另一密度不同的介质时，光的速度就会发生改变，进行的方向也发生曲折，这种现象叫做折射。当你用一根直杆倾斜地插入水中时，可以看到杆在水下部分与它露在水上的部分好像折断的一般，这就是光线折射所成的。有人曾利用装置，使光线从水里投射到水和空气的交界面上，就可以看到光线在这个交界面上分两部分：一部分反射到水里，一部分折射到空气中。如果转动水中的那面镜子，使投向交界面的光线更倾斜一些，那么光线在空气中的折射现象就会显得更厉害些。

空气本身并不是一个均匀的介质，在一般情况下，它的密度是随高度的增大而递减的，高度越高，密度越小。当光线穿过不同高度的空气层时，总会引起一些折射，但这种折射现象在我们日常生活中已经习惯了，所以不觉得有什么异样。可是当空气温度在垂直变化的反常，并会导致与通常不同的折射和全反射，这就会产生海市蜃楼的现象。由于空气密度反常的具体情况不同，海市蜃楼出现的形式也不同。假使在我们的东方地平线下有一艘轮船，一般情况下是看不到它的。如果由于这时空气下密上稀的差异太大了，来自船舶的光线先由密的气层逐渐折射进入稀的气层，并在上层发生全反射，又折回到下层密的气层中来；经过这样弯曲的线路，最后投入我们的眼中，我们就能看到它的像。由于人的视觉总是感到物像是来自直线方向的，因此我们所看到的轮船影像比实物是抬高了许多，所以叫做上现蜃景。

在我国渤海中有个庙岛群岛，在夏季，白昼海水温度较低，空气密度会出现显著地下密上稀的差异，在渤海南岸的蓬莱县，常可看到庙岛群岛的幻影。不但夏季在海面上可以看到上现蜃景，在江面有时也可看到，例如1934年8月2日在南通附近的江面上就出现过。那天酷日当空，天气特别热，午后，突然发现长江上空映现出楼台城郭和树木房屋，全部蜃景长20千米。约半小时后，向东移动，突然消逝。后又出现三山，高耸入云，中间一山，很像香炉；又隔了半小时，才全部消失。在沙漠里，白天沙石被太阳晒得灼热，接近沙层的气温升高极快。由于空气不善于传热，所

物理猜想·成长必读

以在无风的时候，空气上下层间的热量交换极小，遂使下热上冷的气温垂直差异非常显著，并导致下层空气密度反而比上层小的反常现象。在这种情况下，如果前方有一棵树，它生长在比较湿润的一块地方，这时由树梢倾斜向下投射的光线，因为是由密度大的空气层进入密度小的空气层，会发生折射。折射光线到了贴近地面热而稀的空气层时，就发生全反射，光线又由近地面密度小的气层反射回到上面较密的气层中来。这样，经过一条向下向下凹陷的弯曲光线，把树的影像送到人的眼中，就出现了一棵树的倒影。由于倒影位于实物的下面，所以又叫下现蜃景。这种倒影很容易给予人们以水边树影的幻觉，以为远处一定是一个湖。凡是曾在沙漠旅行过的人，大都有类似的经历。一位摄影师，行走在一片广阔的干枯草原上时，也曾看见这样一个蜃景，他朝蜃景的方向跑去，想汲水煮饭。等他跑到那里一看，什么

幻影海市蜃楼

水源也没有，才发现是上了蜃景的当。这是因为干枯的草和沙子一样，可以被烈日晒得热浪滚滚，使空气层的密度从下至上逐渐增大，因而产生下现蜃景。

　　无论哪一种海市蜃楼，只能在无风或风力极微弱的天气条件下出现。当大风一起，引起了上下层空气的搅动混合，上下层空气密度的差异减小了，光线没有什么异常折射和全反射，那么所有的幻景也就立刻消逝了。

物理链接　WU LI LIAN JIE　物理链接　WU LI LIAN JIE　物理链接　WU LI LIA

如何辨虚实

　　海市蜃楼发生在离海岸线大约9.6千米的沙漠地区，会使1.6千米以外或更远的物体看起来似乎要移动。海市蜃楼会使一个人很难辨别远处的物体，远处视野的轮廓变得模糊不清，使你识别目标、估计射程、发现人员等变得十分困难。不过，如果你到一个高一点的地方高出沙漠地面3米左右，你就可以避开贴近地表的热空气，从而克服海市蜃楼幻境。总之，只要稍稍调整一下观望的高度，海市蜃楼现象就会消失，或者它的外观和高度会发生改变。

来自天空的能源

探寻太阳能之谜

在太阳内部进行的由氢聚变成氦的原子核反应，不停地释放出巨大的能量，并不断向宇宙空间辐射能量，这种能量就是太阳能。太阳内部的这种核聚变反应，可以维持几十亿至上百亿年的时间。

太阳向宇宙空间发射的辐射值，其中 20 亿分之一到达地球大气层。到达地球大气层的太阳能，30%被大气层反射，23%被大气层吸收，其余的到达地球表面，也就是说太阳每秒钟照射到地球上的能量就相当于燃烧 500 万吨煤释放的热量。平均在大气外每平方米面积每分钟接受的能量大约 1367 瓦。广义上的太阳能是地球上许多能量的来源，如风能、化学能、水的势能等。狭义的太阳能则限于太阳辐射能的光热、光电和光化学

太阳能热水器

的直接转换。人类对太阳能的利用有着悠久的历史。我国早在两千多年前的战国时期，就已经利用铜制四面镜聚焦太阳光来点火；利用太阳能来干燥农副产品。发展到现代，太阳能的利用已日益广泛，它包括太阳能的光热利用，太阳能的光电利用和太阳能的光化学利用等。太阳能的利用有光化学反应，被动式利用和光电转换两种方式，太阳能发电是一种新兴的可再生能源利用方式。

使用太阳电池，通过光电转换把太阳光中包含的能量转化为电能。使用太阳能热水器，利用太阳光的热量加热水，并利用热水发电。现在，太阳能的利用还不很普及，利用太阳能发电还存在成本高、转换效率低的问题，但是太阳电池在为人造卫星提供能源方面得到了应用。虽然太阳能资源总量相当于现在人类所利用的能源的一万多倍，但太阳能的能量密度低，而且它因地而异，因时而变，这是开发利用太阳能面临的主要问题。太阳能的这些特点会使它在整个综合能源体系中的作用受到一定的限制。太阳能既是一次能源，又是可再生能源。它资源丰富，既可免费使用，又无需运输，对环境无任何污染。为人类创造了一种新的生活形态，使社会及人类进入一个节约能源减少污染的时代。太阳能

物理猜想·

电池是一对光有响应并能将光能转换成电力的器件。能产生光伏效应的材料有许多种，如：单晶硅、多晶硅、非晶硅、砷化镓、硒铟铜等。它们的发电原理基本相同，现以晶体为例描述光发电过程。P 型晶体硅经过掺杂磷可得 N 型硅，形成 P-N 结。当光线照射太阳电池表面时，一部分光子被硅材料吸收；光子的能量传递给了硅原子，使电子发生了跃迁，成为自由电子在 P-N 结两侧集聚形成了电位差，当外部接通电路时，在该电压的作用下，将会有电流流过外部电路产生一定的输出功率。这个过程的实质是：光子能量转换成电能的过程。

光伏板组件是一种暴露在阳光下便会产生直流电的发电装置，由几乎全部以半导体物料制成的薄身固体光伏电池组成。由于没有活动的部分，故可以长时间操作而不会导致任何损耗。简单的光伏电池可为手表及计算机提供能源，较复杂的光伏系统可为房屋提供照明，并为电网供电。光伏板组件可以制成不同形状，而组件又可连接，以产生更多电力。近年，天台及建筑物表面均会使用光伏板组件，甚至被用作窗户、天窗或遮蔽装置的一部分，这些光伏设施通常被称为附设于建筑物的光伏系统。现代的太阳热能科技将阳光聚合，并运用其能量产生热水、蒸气和电力。除了运用适当的科技来收集太阳能外，建筑物亦可利用太阳的光和热能，方法是在设计时加入合适的装备，例如巨型的向南窗户或使用能吸收及慢慢释放太阳热力的建筑材料。

人类利用太阳能已有 3000 多年的历史。而将太阳能作为一种能源和动力加

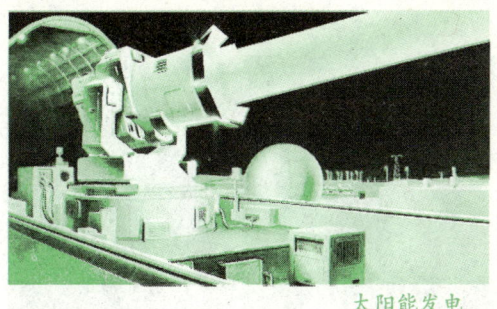

太阳能发电

以利用，只有 300 多年的历史。真正将太阳能作为能源则是近来的事。20 世纪 70 年代以来，太阳能科技突飞猛进，太阳能利用日新月异。近代太阳能利用历史可以从 1615 年法国工程师考克斯发明第一台太阳能驱动的发动机算起。该发明是一台利用太阳能加热空气使其膨胀做功而抽水的机器。在 1615～1900 年之间，世界上又研制成多台太阳能动力装置和一些其他太阳能装置。这些动力装置几乎全部采用聚光方式采集阳光，发动机功率不大，工质主要是水蒸气，价格昂贵，实用价值不大，大部分为太阳能爱好者个人研究制造。世界上太阳能研究的重点仍是太阳能动力装置，但采用的聚光方式多样化，且开始采用平板集热器和低沸点工质，装置逐渐扩大。

现在市面上最常见的太阳能电池板，通常都是用晶硅制造的，成本很高。而卡尔基发明的太阳能电池板却是用头发制造的，用头发取代晶硅意味着电池板的生产成本将被大幅降低。来自尼泊尔乡村的 18 岁青年米兰·卡尔基，发明了一种用头发制作的太阳能电池板。他希望可以为全世界提供更廉价、更绿色的电力供应，从而解决能源危机。卡尔基在加德满都上学时。他和同学一起研制出世界首个"太阳能发丝电池板"。舍弃

151

利用太阳能的环保城市

硅材料,选用头发丝成为这一发明最大亮点。电池板呈长方形,板底衬一张黑色蜡纸,上面布满黑色发丝和铜线。传统太阳能电池板利用硅材料吸收太阳光产生光伏效应,将光能转化为电能。头发中的黑色素同样对光敏感,因此可以充当导线。这款新型电池板能产生8伏特电压,可点亮一个3瓦特的节能灯泡,生产成本约为42美元,而一块产生相同电压的传统电池板成本高达281.7美元。与传统电池相比,一捆重0.5千克的发丝在尼泊尔能供电数月,而一捆电池只能坚持几晚。在尼泊尔,许多偏远地区尚未通电,即使是已经通电的地区,居民有时仍要面临一天断电16小时的窘境。起初,他们尝试用水流发电,但实验成本实在太昂贵了。为此,他们开始寻找新的、可再生而又便宜的材料。卡尔基说:"我们努力制作头发太阳能电池板,然后将他们分给村民,以测试它们的性能。"这种太阳能电池板可以产生18瓦的电量,而原材料和加工制作的成本仅23英镑。如果能够大量投入生产,这些电池板的成本还可以降低一半,仅相当于市面上已有的太阳能电池板价格的1/4。同时,头发可以再生,而且价格远比晶硅更便宜。太阳能电池板可以为手机充电,一组电池可以提供几个晚上的照明。

太阳能是取之不尽用之不竭的能源,勤奋的卡尔基用他的智慧为人类创造了奇迹,他的发明将是人类新的进步。

物理链接 WU LI LIAN JIE **物理链接** WU LI LIAN JIE **物理链接** WU LI LIA

太阳能集热器

太阳能热水器装置通常包括太阳能集热器、储水箱、管道及抽水泵其他部件。太阳能集热器在太阳能热系统中,是接受太阳辐射并将产生的热量传递到传热工质的装置。按传热工质可分为液体集热器和空气集热器。按采光方式可分为聚光型和非聚光型集热器两种。另外还有一种真空集热器,一个好的太阳能集热器应该能用20~30年。自从大约1980年以来所制作的集热器更应维持40~50年且很少进行维修。

W 物理百科
WU LI CAI XIANG

物理学

物理学是研究物质世界最基本的结构、最普遍的相互作用、最一般的运动规律及所使用的实验手段和思维方法的自然科学，简称物理。

在物理学的领域中，研究的是宇宙的基本组成要素：物质、能量、空间、时间及它们的相互作用；借由被分析的基本定律与法则来完整了解这个系统。物理在经典时代是由与它极相像的自然哲学的研究所组成的，直到19世纪物理才从哲学中分离出来成为一门实证科学。物理学与其他许多自然科学息息相关，如数学、化学、生物学和地理学等。特别是数学、化学、生物学。化学与某些物理学领域的关系深远，如量子力学、热力学和电磁学，而数学是物理的基本工具。"物理"二字是取"格物致理"四字的简称，即考察事物的形态和变化，总结研究它们的规律的意思。我国的物理学知识，在早期文献中记载于《天工开物》等书中。

物理学是人们对无生命自然界中物质转变的知识做出规律性的总结。这种运动和转变有两种。一是早期人们通过感官视觉的延伸，二是近代人们通过发明创造供观察测量用的科学仪器，实验得出的结果，间接认识物质内部的组成。物理学从研究角度及观点的不同，可分为微观与宏观两部分，宏观是不分析微粒群中的单个作用效果而直接考虑整体效果，是最早期就已经出现的；微观物理学随着科技的发展其理论逐渐完善。其次，物理又是一种智能。诚如诺贝尔物理学奖得主、德国科学家玻恩所言："与其说是因为我发表的工作里包含了一个自然现象的发现，倒不如说是因为那里包含了一个关于自然现象的科学思想方法基础。"物理学之所以被人们公认为一门重要的科学，不仅仅在于它对客观世界的规律做出了深刻的揭示，还因为它在发展、成长的过程中，形成了一整套独特而卓有成效的思想方法体系。正因为如此，使得物理学当之无愧地成了人类智能的结晶，文明的瑰宝。

物理思想与方法不仅对物理学本身有价值，而且对整个自然科学，乃至社会科学的发展都有着重要的贡献。有人统计过，自20世纪中叶以来，在诺贝尔化学奖、生物及医学奖，甚至经济学奖的获奖者中，有一半以上的人具有物理学的背景；这意味着他们从物理学中汲取了智能，转而在非物理领域里获得了成功。反过来，却从未发现有非物理专业出身的科学家问鼎诺贝尔物理学奖的事例。这就是物理智能的力量。难怪国外有专家十分尖锐地指出：没有物理修养的民族是愚蠢的民族。

电磁学

电磁学是研究电磁和电磁的相互作用现象及其规律和应用的物理学分支学科。根据近代物理学的观点，磁的现象是由运动电荷所产生的，因而在电学的范围内必然不同程度地包含磁学的内容。所以，电磁学和电学的内容很难截然划分，而"电学"有时也就作为"电磁学"的简称。

早期，由于磁现象曾被认为是与电现象独立无关的，同时也由于磁学本身的发展和应用，如近代磁性材料和磁学技术的发展，新的磁效应和磁现象的发现和应用等，使得磁学的内容不断扩大，所以磁学在实际上也就作为一门和电学相平行的学科来研究了。电磁学从原来互相独立的两门科学（电学、磁学）发展成为物理学中一个完整的分支学科，主要是基于两个重要的实验发现，即电流的磁效应和磁场变化的电效应。这两个实验现象，加上麦克斯韦关于变化电场产生磁场的假设，奠定了电磁学的整个理论体系，发展了对现代文明起重大影响的电工和电子技术。麦克斯韦电磁理论的重大意义，不仅在于这个理论支配着一切宏观电磁现象（包括静电、稳恒磁场、电磁感应、电路、电磁波等），而且在于它将光学现象统一在这个理论框架之内，深刻地影响着人们认识物质世界的思想。

电子的发现，使电磁学和原子与物质结构的理论结合了起来，洛伦兹的电子论把物质的宏观电磁性质归结为原子中电子的效应，统一地解释了电、磁、光现象。与电磁学密切相关的是经典电动力学，两者在内容上并没有原则的区别。一般说来，电磁学偏重于电磁现象的实验研究，从广泛的电磁现象研究中归纳出电磁学的基本规律；经典电动力学则偏重于理论方面，它以麦克斯韦方程组和洛伦兹力为基础，研究电磁场分布，电磁波的激发、辐射和传播，以及带电粒子与电磁场的相互作用等电磁问题，也可以说，广义的电磁学包含了经典电动力学。

热力学

热力学是研究热现象中物质系统在平衡时的性质和建立能量的平衡关系，以及状态发生变化时系统与外界相互作用（包括能量传递和转换）的学科。工程热力学是热力学最先发展的一个分支，它主要研究热能与机械能和其他能量之间相互转换的规律及其应用，是机械工程的重要基础学科之一。

热力学是热学理论的一个方面。热力学主要是从能量转化的观点来研究物质的热性质，它揭示了能量从一种形式转换为另一种形式时遵循的宏观规律。热力学是总结物质的宏观现象而得到的热学理论，不涉及物质的微观结构和微观粒子的相互作用。因此它是一种唯象的宏观理论，具有高度的可靠性和普遍性。热力学三定律是热力学的基本理论。热力学第一定律反映了能量守恒和转换时应该遵循的关系，它引进了系统的状态函数——内能。热力学第一定律也可以表述为：第一类永动机是不可能造成的。热学中一个重要的基本现象是趋向平衡态，这是一个不可逆过程。例如使温度不同的两个物体接触，最后到达平衡态，两物体便有相同的温度。但其逆过程，即具有相同温度的两个物体，不会自行回到温度不同的状态。这说明，不可逆过程的初态和终态间，存在着某种物理性质上的差异，终态比初态具有某种优势。1854年克劳修斯引进一个函数来描述这两个状态的差别，1865年他给此函数定名为熵。1850年，克劳修斯在总结了这类现象后指出：不可能把热从低温物体传到高温物体而不引起其他变化，这就是热力学第二定律的克氏表述。几乎同时，开尔文以不同的方式表述了热力学第二定律的内容。用熵的概念来表述热力学第二定律就是：在封闭系统中，热现象宏观过程总是向着熵增加的方向进行，当熵到达最大值时，系统到达平衡态。第二定律的数学表述是对过程方向性的简明表述。1912年能斯脱提出一个关于低温现象的定律：用任何方法都不能使系统到达绝对零度。此定律称为热力学第三定律。热力学的这些基本定律是以大量实验事实为根据建立起来的，在此基础上，又引进了三个基本状态函数：温度、内能、熵，共同构成了一个完整的热力学理论体系。此后，为了在各种不同条件下讨论系统状态的热力学特性，又引进了一些辅助的状态函数，如焓、亥姆霍兹函数（自由能）、吉布斯函数等。这会带来运算上的方便，并增加对热力学状态某些特性的了解。从热力学的基本定律出发，应用这些状态函数，利用数学推演得到系统平衡态各种特性的相互联系，是热力学方法的基本内容。

热力学理论是普遍性的理论，对一切物质都适用，这是它的优点，但它不能对某种特殊物质的具体性质做出推论。例如讨论理想气体时，需要给出理想气体的状态方程；讨论电磁物质时，需要补充电磁物质的极化强度和场强的关系等。这样才能从热力学的一般关系中，得出某种特定物质的具体知识。平衡态热力学的理论已很完善，并有广泛的应用。但在自然界中，处于非平衡态的热力学系统（物理的、化学的、生物的）和不可逆的热力学过程是大量存在的。因此，这方面的研究工作十分重要，并已取得一些重要的进展。

光 学

光学是研究光（电磁波）的行为和性质，以及光和物质相互作用的物理学科。传统的光学只研究可见光，现代光学已扩展到对全波段电磁波的研究。光是一种电磁波，在物理学中，电磁波由电动力学中的麦克斯韦方程组描述；同时，光具有波粒二象性，需要用量子力学表达。光学的起源在西方很早就有记载，欧几里得研究了光的反射；阿拉伯学者阿勒·哈增写过一部《光学全书》，讨论了许多光学的现象。

光学真正形成一门科学，应该从建立反射定律和折射定律的时代算起，这两个定律奠定了几何光学的基础。17世纪，望远镜和显微镜的应用大大促进了几何光学的发展。光的本性也是光学研究的重要课题。微粒说把光看成是由微粒组成，认为这些微粒按力学规律沿直线飞行，因此光具有直线传播的性质。19世纪以前，微粒说比较盛行。但是，随着光学研究的深入，人们发现了许多不能用微粒性解释的现象，例如干涉、绕射等，用光的波动性就很容易解释。于是光学的波动说又占了上风。两种学说的争论构成了光学发展史上的一根红线。

狭义来说，光学是关于光和视见的科学，光学这个词，早期只用于跟眼睛和视见相联系的事物。而今天，常说的光学是广义的，是研究从微波、红外线、可见光、紫外线直到X射线的宽广波段范围内的，关于电磁辐射的发生、传播、接收和显示，以及跟物质相互作用的科学。光学是物理学的一个重要组成部分，也是与其他应用技术紧密相关的学科。

力学

力学是物理学的一个分支学科。它是研究物体的机械运动和平衡规律及其应用的学科。力学可分为静力学、运动学和动力学三部分。静力学是以讨论物体在外力作用下保持平衡状态的条件为主。运动学是撇开物体间的相互作用来研究物体机械运动的描述方法，而不涉及引起运动的原因。动力学是讨论质点系统所受的力和压力作用下发生的运动两者之间的关系。力学也可按所研究物体的性质分为质点力学、刚体力学和连续介质力学。连续介质通常分为固体和流体，固体包括弹性体和塑性体，而流体则包括液体和气体。

16～17世纪，力学开始发展为一门独立的、系统的学科。伽利略通过对抛体和落体的研究，提出惯性定律并用以解释地面上的物体和天体的运动。17世纪末牛顿提出力学运动的三条基本定律，使经典力学形成系统的理论。根据牛顿三定律和万有引力定律成功地解释了地球上的落体运动规律和行星的运动轨道。18、19两个世纪中在很多科学家的研究与推广下，终于成为一门具有完善理论的经典力学。1905年，爱因斯坦提出狭义相对论，对于高速运动物体，必须用相对力学来代替经典力学，因为经典力学不过是物体速度远小于光速的近似理论。20世纪20年代量子力学得到发展，它根据实物粒子和光子具有粒子和波动的双重性解释了经典力学不能解释的微观现象，并且在微观领域给经典力学限定了适用范围。

按研究对象的物态进行区分，力学可以分为固体力学和流体力学。根据研究对象具体的形态、研究方法、研究目的的不同，固体力学可以分为理论力学、材料力学、结构力学、弹性力学、板壳力学、塑性力学、断裂力学、机械振动、声学、计算力学、有限元分析等，流体力学包含流体力学、流体动力学等。根据针对对象所建立的模型不同，力学也可以分为质点力学、刚体力学和连续介质力学。连续介质通常分为固体和流体，固体包括弹性体和塑性体，而流体则包括液体和气体。力学具备完整的学科结构和体系。力学是机械工程、土木工程、道路桥梁、航空航天工程、材料工程等的基础，在人类的实践活动中无处不在，并且深刻地影响着人类的实践活动。

牛顿力学

牛顿力学以牛顿运动定律和万有引力定律为基础，研究速度远小于光速的宏观物体的运动规律。狭义相对论研究速度能与光速比拟的物体的运动，量子力学研究电子、质子等微观粒子的运动。从研究的范畴来说，牛顿力学同相对论和量子力学相区别，牛顿力学是经典力学的组成部分。继牛顿以后，拉格朗日和哈密顿相继发展了新的力学体系。牛顿力学所着重的量如力、动量等都具有矢量性质，而且牛顿方程是用矢量形式表达的，故牛顿力学可称为矢量力学；拉格朗日体系和哈密顿体系所着重的量是系统的能，它具有标量的性质，可以通过力学的变分原理建立系统的动力学方程，故拉格朗日体系和哈密顿体系等可统称为分析力学。因此，从力学的研究方法和体系来说，牛顿力学同拉格朗日体系和哈密顿体系相区别；但从经典力学的基本原理来说，拉格朗日方程和哈密顿原理同牛顿定律是等价的。然而，哈密顿原理能应用于较广泛的物理现象。将拉格朗日体系和哈密顿体系（尤其是后者）应用于物理学和天体力学中广泛出现的保守系统，有极大的优点。例如，这两个体系的观点和方法对天体力学的摄动理论和经典统计力学的理论性研究有较大价值。

量子力学

量子力学是研究微观粒子的运动规律的物理学分支学科，它主要研究原子、分子、凝聚态物质，以及原子核和基本粒子的结构、性质的基础理论，它与相对论一起构成了现代物理学的理论基础。量子力学不仅是近代物理学的基础理论之一，而且在化学等有关学科和许多近代技术中也得到了广泛的应用。量子力学是描写微观物质的一个物理学理论，与相对论一起被认为是现代物理学的两大基本支柱，许多物理学理论和科学如原子物理学、固体物理学、核物理学和粒子物理学以及其他相关的学科都是以量子力学为基础。19世纪末，经典力学和经典电动力学在描述微观系统时的不足越来越明显。量子力学是在20世纪初由普朗克、尼尔斯·玻尔、沃纳·海森堡、薛定谔、沃尔夫冈·泡利、德布罗意、马克斯·玻恩、恩里科·费米、保罗·狄拉克等一大批物理学家共同创立的。通过量子力学的发展人们对物质的结构以及其相互作用的见解被革命化地改变。通过量子力学许多现象才得以真正地被解释,新的、无法直觉想象出来的现象被预言,但是这些现象可以通过量子力学被精确地计算出来,而且后来也获得了非常精确的实验证明。除通过广义相对论描写的引力外,至今所有其他物理基本相互作用均可以在量子力学的框架内描写。量子力学的基本原理包括量子态的概念,运动方程、理论概念和观测物理量之间的对应规则和物理原理。

狭义相对论

狭义相对论是由爱因斯坦、洛伦兹和庞加莱等人创立的时空理论,是对牛顿时空观的拓展和修正。牛顿力学是狭义相对论在低速情况下的近似。19世纪末,以麦克斯韦方程组为核心的经典电磁理论的正确性已被大量实验所证实,但麦克斯韦方程组在经典力学的伽利略变换下不具有协变性。而经典力学中的相对性原理则要求一切物理规律在伽利略变换下都具有协变性。爱因斯坦意识到伽利略变换实际上是牛顿经典时空观的体现,如果承认"真空光速独立于参考系"这一实验

事实为基本原理,可以建立起一种新的时空观(相对论时空观)。在这一时空观下,由相对性原理即可导出洛伦兹变换。1905年,爱因斯坦发表论文《论动体的电动力学》,建立狭义相对论,成功描述了在亚光速领域宏观物体的运动。

狭义相对论建立以后,对物理学起到了巨大的推动作用。并且深入到量子力学的范围,成为研究高速粒子不可缺少的理论,而且取得了丰硕的成果。然而在成功的背后,却有两个遗留下的原则性问题没有解决。第一个是惯性系所引起的困难。抛弃了绝对时空后,惯性系成了无法定义的概念。我们可以说惯性系是惯性定律在其中成立的参考系。惯性定律的实质是一个不受外力的物体保持静止或匀速直线运动的状态。然而"不受外力"是什么意思?只能说,不受外力是指一个物体能在惯性系中静止或匀速直线运动。这样,惯性系的定义就陷入了逻辑循环,这样的定义是无用的。我们总能找到非常近似的惯性系,但宇宙中却不存在真正的惯性系,整个理论如同建筑在沙滩上一般。第二个是万有引力引起的困难。万有引力定律与绝对时空紧密相连,必须修正,但将其修改为洛伦兹变

换下形势不变的任何企图都失败了，万有引力无法纳入狭义相对论的框架。当时物理界只发现了万有引力和电磁力两种力，其中一种就冒出来捣乱，情况当然不会令人满意。

爱因斯坦只用了几个星期就建立起了狭义相对论，然而为解决这两个困难，建立起广义相对论却用了整整10年时间。为解决第一个问题，爱因斯坦取消了惯性系在理论中的特殊地位，把相对性原理推广到非惯性系。因此第一个问题转化为非惯性系的时空结构问题。在非惯性系中遇到的第一只拦路虎就是惯性力。在深入研究了惯性力后，提出了著名的等性原理，发现参考系问题有可能和引力问题一并解决。几经曲折，爱因斯坦终于建立了完整的广义相对论。广义相对论让所有物理学家大吃一惊，引力远比想象中的复杂得多。至今为止爱因斯坦的场方程也只得到了为数不多的几个确定解。它那优美的数学形式至今令物理学家们叹为观止。就在广义相对论取得巨大成就的同时，由哥本哈根学派创立并发展的量子力学也取得了重大突破。然而物理学家们很快发现，两大理论并不相容，至少有一个需要修改。于是引发了那场著名的论战：爱因斯坦与哥本哈根学派。直到现在争论还没有停止，只是越来越多的物理学家更倾向量子理论。爱因斯坦为解决这一问题耗费了后半生30年光阴却一无所获。不过他的工作为物理学家们指明了方向：建立包含四种作用力的超统一理论。目前学术界公认的最有希望的候选者是超弦理论与超膜理论。

广义相对论

广义相对论是爱因斯坦于1916年发表的用几何语言描述的引力理论，它代表了现代物理学中引力理论研究的最高水平。广义相对论将经典的牛顿万有引力定律包含在狭义相对论的框架中，并在此基础上应用等效原理而建立。在广义相对论中，引力被描述为时空的一种几何属性（曲率）；而这种时空曲率与处于时空中的物质与辐射的能量——动量张量直接相联系，其联系方式即是爱因斯坦的引力场方程。从广义相对论得到的有关预言和经典物理中的对应预言非常不相同，尤其是有关时间流逝、空间几何、自由落体的运动以及光的传播等问题，例如引力场内的时间膨胀、光的引力红移和引力时间延迟效应。广义相对论的预言至今为止已经通过了所有观测和实验的验证——虽说广义相对论并非当今描述引力的唯一理论，它却是能够与实验数据相符合的最简洁的理论。不过，仍然有一些问题至今未能解决，典型的即是如何将广义相对论和量子物理的定律统一起来，从而建立一个完备并且自洽的量子引力理论。爱因斯坦的广义相对论理论在天体物理学中有着非常重要的应用：它直接推导出某些大质量恒星会终结为一个黑洞——时空中的某些区域发生极度的扭曲以至于连光都无法逸出。有证据表明恒星质量黑洞以及超大质量黑洞是某些天体例如活动星系核和微类星体发射高强度辐射的直接成因。光线在引力场中的偏折会形成引力透镜现象，这使得人们能够观察到处于遥远位置的同一个天体的多个成像。广义相对论还预言了引力波的存在，引力波已经被间接观测所证实，而直接观测则是当今世界像激光干涉引力波天文台这样的引力波观测计划的目标。此外，广义相对论还是现代宇宙学的膨胀宇宙模型的理论基础。

牛顿运动定律

牛顿运动定律是由牛顿总结于17世纪并发表于《自然哲学的数学原理》的牛顿第一运动定律即惯性定律、牛顿第二运动定律和牛顿第三运动定律三大经典力学基本定律的总称。

牛顿第一运动定律，一切物体在任何情况下，在不受外力的作用时，总保持静止或做匀速直线运动状态。一切物体总保持匀速直线运动状态或静止状态，直到有外力迫使它改变这种状态为止，这就是牛顿第一运动定律。物体都有维持静止和作匀速直线运动的趋势，因此物体的运动状态是由它的运动速度决定的，没有外力，它的运动状态是不会改变的。物体的保持原有运动状态不变的性质称为惯性，惯性的大小由质量量度。所以牛顿第一定律也称为惯性定律。牛顿第一定律也阐明了力的概念。明确了力是物体间的相互作用，指出了是力改变了物体的运动状态。因为加速度是描写物体运动状态的变化，所以力是和加速度相联系的，而不是和速度相联系的。在日常生活中不注意这点，往往容易产生错觉。

牛顿第二运动定律，物体的加速度跟物体所受的合外力成正比，跟物体的质量成反比，加速度的方向跟合外力的方向相同。而以物理学的观点来看，牛顿第二运动定律亦可以表述为"物体随时间变化之动量变化率和所受外力之和成正比"。即动量对时间的一阶导数等于外力之和。

牛顿第三运动定律，两个物体之间的作用力和反作用力，在同一条直线上，大小相等，方向相反。要改变一个物体的运动状态，必须有其他物体和它相互作用。物体之间的相互作用是通过力体现的。并且指出力的作用是相互的，有作用力必有反作用力。它们是作用在同一条直线上，大小相等，方向相反。而且同时产生同时消失，性质（重力、弹力、摩擦力等）相同。

牛顿的三大运动定律构成了物理学和工程学的基础。正如欧几里得的基本定理为现代几何学奠定了基础一样，牛顿三大运动定律为物理科学的建立提供了基本定理。三大定律的推出、地球引力的发现和微积分的创立使得牛顿成为杰出的科学巨人。

万有引力定律

万有引力定律牛顿在 1687 年于《自然哲学的数学原理》上发表的。牛顿的万有引力定律表示如下：任意两个质点通过连心线方向上的力相互吸引。该引力的大小与它们的质量乘积成正比，与它们距离的平方成反比，与两物体的化学本质或物理状态以及中介物质无关。万有引力定律是解释物体之间的相互作用的引力的定律；是物体（质点）间由于它们的引力质量而引起的相互吸引力所遵循的规律。

万有引力又名重力或重力相互作用。在物理学上，万有引力或重力是指具有质量的物体之间加速靠近的趋势。万有引力即重力相互作用是自然界的四大基本相互作用之一，另外三种相互作用分别是电磁相互作用、弱相互作用及强相互作用。万有引力是上述相互作用中作用力最微弱的，但是在超距上万有引力仍然具有吸引力的作用。在经典力学中，万有引力被认为来源于重力的力的作用。在广义相对论上，万有引力来源于存在质量对时空的扭曲，而不是一种力的作用。在量子重力中，引力微子被假定为重力的传送媒介。在地球上重力的吸引作用赋予物体重量并使它们向地面下落。此外，万有引力是太阳和地球等天体之所以存在的原因；没有万有引力天体将无法相互吸引形成天体系统，而我们所知的生命形式也将不会出现。万有引力同时也使地球和其他天体按照它们自身的轨道围绕太阳运转,月球按照自身的轨道围绕地球运转,形成潮汐,以及其他我们所观察到的各种各样的自然现象。

万有引力定律的发现,是17世纪自然科学最伟大的成果之一。它把地面上物体运动的规律和天体运动的规律统一了起来,对以后物理学和天文学的发展具有深远的影响。它第一次解释了(自然界中四种相互作用之一)一种基本相互作用的规律,在人类认识自然的历史上树立了一座里程碑。

万有引力定律揭示了天体运动的规律,在天文学上和宇宙航行计算方面有着广泛的应用。它为实际的天文观测提供了一套计算方法,可以只凭少数观测资料,就能算出长周期运行的天体运动轨道,科学史上哈雷彗星、海王星、冥王星的发现,都是应用万有引力定律取得重大成就的例子。利用万有引力公式、开普勒第三定律等还可以计算太阳、地球等无法直接测量的天体的质量。牛顿还解释了月亮和太阳的万有引力引起的潮汐现象。他依据万有引力定律和其他力学定律,对地球两极呈扁平形状的原因和地轴复杂的运动,也成功地做了说明。

动量守恒定律

动量守恒定律,物理学中的重要定律之一。在惯性系中,任何物质系统在不受外力作用或所受外力之和为零,它的总动量保持不变。这个定律是牛顿第二定律、作用和反作用定律联合应用于力学系统的必然结果。动量守恒定律的成立,不随这系统内部发生什么变化(碰撞、分裂、爆炸、化学反应等)而变。动量守恒定律是自然界中最重要最普遍的守恒定律之一,它既适用于宏观物体,也适用于微观粒子;既适用于低速运动物体,也适用于高速运动物体,它是一个实验规律,也可用牛顿第三定律和动量定理推导出来;动量守恒定律和能量守恒定律以及角动量守恒定律一起成为现代物理学中的三大基本守恒定律。最初它们是牛顿定律的推论,但后来发现它们的适用范围远远广于牛顿定律,是比牛顿定律更基础的物理规律,是时空性质的反映。其中,动量守恒定律由空间平移不变性推出,能量守恒定律由时间平移不变性推出,而角动量守恒定律则由空间的旋转对称性推出;相互间有作用力的物体系称为系统,系统内的物体可以是两个、三个或者更多,解决实际问题时要根据需要和求解问题的方便程度,合理地选择系统。

电荷守恒定律

电荷守恒定律，物理学的基本定律之一。它指出，对于一个孤立系统，不论发生什么变化，其中所有电荷的代数和永远保持不变。

电荷守恒定律表明，如果某一区域中的电荷增加或减少了，那么必定有等量的电荷进入或离开该区域；如果在一个物理过程中产生或消失了某种符号的电荷，那么必定有等量的异号电荷同时产生或消失。要使物体带电，可利用摩擦起电、接触起电、静电感应等方法。物体是否带电，通常可用验电器来检验。物体带电实际上是获得或失去电子的结果。这意味着电荷不能离开电子、质子而存在。电荷是电子、质子等微观粒子所具有的一种属性。由摩擦起电和其他起电过程的大量实验事实表明，一切起电过程其实都是使物体上正、负电荷分离或转移的过程中，在这种过程中，电荷既不能消灭，也不能创生，只能使原有的电荷重新分布。由此就可以总结出电荷守恒定律：一个孤立系统的总电荷在任何物理过程中始终保持不变。所谓孤立系统，就是指它与外界没有电荷的交换。电荷守恒定律也是自然界中一条基本的守恒定律，在宏观和微观领域中普遍适用。

电荷守恒定律：电荷是物质的属性，它不会凭空产生或消失，只能从一个物体转移到另一个物体上，这就是电荷守恒定律。也可以表述为，在一个没有净电荷出入其边界的系统，其中正负电荷电量的代数和保持不变。

安培定律

安培定律，表示电流和电流激发磁场的磁感线方向间关系的定则，也叫右手螺旋定则。安培定律有时也叫拉普拉斯定律。磁场的基本属性就是对处于其中的运动电荷要力的作用，我们曾经根据这种属性定义了磁感应强度。电流与运动电荷没有本质区别，大量电荷做定向运动就形成电流。载流导线处于磁场中，做定向运动的自由电子所受的洛伦兹力，传递给金属晶格，宏观上就表现为磁场对载流导线的作用。

直线电流的安培定则：用右手握住导线，让伸直的大拇指所指的方向跟电流的方向一致，那么弯曲的四指所指的方向就是磁感线的环绕方向。环形电流的安培定则：让右手弯曲的四指和环形电流的方向一致，那么伸直的大拇指所指的方向就是N极。

直线电流的安培定则对一小段直线电流也适用。环形电流可看成许多小段直线电流组成，对每一小段直线电流用直线电流的安培定则判定出环形电流中心轴线上磁感强度的方向。叠加起来就得到环形电流中心轴线上磁感线的方向。直线电流的安培定则是基本的，环形电流的安培定则可由直线电流的安培定则导出直线电流的安培定则对电荷做直线运动产生的磁场也适用，这时电流方向与正电荷运动方向相同，与负电荷运动方向相反。

在奥斯特电流磁效应实验及其他一系列实验的启发下，安培认识到磁现象的本质是电流，把涉及电流、磁体的各种相互作用归结为电流之间的相互作用，提出了寻找电流元相互作用规律的基本问题。为了克服孤立电流元无法直接测量的困难，安培精心设计了4个示零实验并伴以缜密的理论分析，得出了结果。但由于安培对电磁作用持超距作用观念，曾在理论分析中强加了两电流元之间作用力沿连线的假设，期望遵循牛顿第三定律，使结论有误。

安培定律与库仑定律相当，是磁作用的基本实验定律，它决定了磁场的性质，提供了计算电流相互作用的途径。

📗 欧姆定律

在同一电路中，导体中的电流跟导体两端的电压成正比，跟导体的电阻成反比，这就是欧姆定律。欧姆定律是关于导体两端电压与导体中电流关系的定律，电学的基本实验定律之一，由德国物理学家欧姆于1827年首先通过实验发现。其表述为：通过导体的电流I与其两端之间的电势差U成正比。欧姆定律的数学表达式为$I=U/R$。式中R的数值取决于导体的材料、形状、长短、粗细及温度等。当这些因素不变时，R为常数，在此条件下才可以说I与U成正比。欧姆定律适用于金属，也适用于导电的酸、碱、盐水溶液，但对半导体二极管、真空二极管以及许多气体导电管等元器件都不成立。为了描写元件的电流与电压的关系，可以分别以电压、电流为横、纵坐标画出函数图线，称为元器件的伏安特性曲线。满足欧姆定律的元器件的伏安特性曲线是一条过原点的直线，其斜率$tgn\theta$等于元件的电导G。满足欧姆定律的元件称为线性元件。为了纪念欧姆对电磁学的贡献，物理学界将电阻的单位命名为欧姆，以符号Ω表示。1欧姆定义为电位差为1伏特时恰好通过以安培电流的电阻。

库仑定律

库仑定律，电磁场理论的基本定律之一。真空中两个静止的点电荷之间的作用力与这两个电荷所带电量的乘积成正比，和它们距离的平方成反比，作用力的方向沿着这两个点电荷的连线，同号电荷相斥，异号电荷相吸。

库仑定律是1784~1785年间库仑通过扭秤实验总结出来的。扭秤的结构如下：在细金属丝下悬挂一根秤杆，它的一端有一小球A，另一端有平衡体P，在A旁还置有另一与它一样大小的固定小球B。为了研究带电体之间的作用力，先使A、B各带一定的电荷，这时秤杆会因A端受力而偏转。转动悬丝上端的悬钮，使小球回到原来位置。悬丝的扭力矩等于施于小球A上电力的力矩。如果悬丝的扭力矩与扭转角度之间的关系已事先校准、标定，则由旋钮上指针转过的角度读数和已知的秤杆长度，可以得知在此距离下A、B之间的作用力。

库仑定律的物理意义：（一）描述点电荷之间的作用力，仅当带电体的尺度远小于两者的平均距离，才可看成点电荷；（二）描述静止电荷之间的作用力，当电荷存在相对运动时，库仑力需要修正为洛伦兹力。但实践表明，只要电荷的相对运动速度远小于光速，库仑定律给出的结果与实际情形很接近。

重 力

在一般使用上，常把重力近似看作等于万有引力。但实际上重力是万有引力的一个分力。重力之所以是一个分力，是因为我们在地球上与地球一起运动，这个运动可以近似看成匀速圆周运动。我们做匀速圆周运动需要向心力，在地球上，这个力由万有引力的一个指向地轴的一个分力提供，而万有引力的另一个分力就是我们平时所说的重力了。在物理学上，万有引力或重力是指具有质量的物体之间加速靠近的趋势。万有引力即重力相互作用是自然界的四大基本相互作用之一，另外三种相互作用分别是电磁相互作用、弱相互作用及强相互作用。万有引力是上述相互作用中作用力最微弱的，但是在超距上万有引力仍然具有吸引力的作用。在经典力学中，万有引力被认为来源于重力的力的作用。在广义相对论上，万有引力来源于存在质量对时空的扭曲，而不是一种力的作用。在量子引力中，引力微子被假定为重力的传送媒介。

重量

在物理学界过去有一种提法是：在地球表面附近，物体所受重力的大小，称为"重量"。地球表面上的物体，除受地球对它的重力作用外，由于地球的自转，还将受到惯性离心力的作用，这两个力的合力的大小称为该物体的重量。习惯上人们认为：物体所受到的重力就是它本身的重量。对重量的解释有许多说法，例如，重量就是重力；物体的重量就是地球对该物体的万有引力；重量即物体所受重力的大小；重量是物体静止时，拉紧竖直悬绳的力或压在水平支持物上的力。上述几种讲法，有的强调重量即重力，是矢量，它们的本质是引力。有的强调重力不是矢量，重量是重力的大小，是标量。还有的是以测量法则作为重量的定义。这些不同的定义只是解释的不同而已，谈不到对与错。

光谱

光谱，全称为光学频谱，是复色光通过色散系统（如光栅、棱镜）进行分光后，依照光的波长（或频率）的大小顺次排列形成的图案。光谱中最大的一部分可见光谱是电磁波谱中人眼可见的一部分，在这个波长范围内的电磁辐射被称作可见光。光谱并没有包含人眼及大脑能区别的所有颜色，譬如褐色和粉红色。条目颜色解释了这种现象的原因。光波是由原子内部运动的电子产生的，各种物质的原子内部电子的运动情况不同，所以它们发射的光波也不同。研究不同物质的发光和吸收光的情况，有重要的理论和实际意义，已成为一门专门的学科——光谱学。

光谱学的研究已有一百多年的历史。1666年，牛顿把通过玻璃棱镜的太阳光分解成了从红光到紫光的各种颜色的光谱，他发现白光是由各种颜色的光组成的。这可算是最早对光谱的研究。其后一直到1802年，渥拉斯顿观察到了光谱线，其后在1814年夫琅和费也独立地发现了它。牛顿之所以没有观察到光谱线，是因为他使太阳光通过了圆孔而不是通过狭缝。在1814~1815年之间，夫琅和费公布

物理百科

了太阳光谱中的许多条暗线,并以字母来命名,其中有些命名沿用至今。此后便把这些线称为夫琅和费暗线。实用光谱学是由基尔霍夫与本生在19世纪60年代发展起来的;他们证明光谱学可以用作定性化学分析的新方法,并利用这种方法发现了几种当时还未知的元素,并且证明了太阳里也存在着多种已知的元素。从19世纪中叶起,氢原子光谱一直是光谱学研究的重要课题之一。在试图说明氢原子光谱的过程中,所得到的各项成就对量子力学法则的建立都起了很大促进作用。这些法则不仅能够应用于氢原子,也能应用于其他原子、分子和凝聚态物质。

根据研究光谱方法的不同,习惯上把光谱学区分为发射光谱学、吸收光谱学与散射光谱学。这些不同种类的光谱学,从不同方面提供物质微观结构知识及不同的化学分析方法。发射光谱可以区分为三种不同类别的光谱:线状光谱、带状光谱和连续光谱。线状光谱主要产生于原子,带状光谱主要产生于分子,连续光谱则主要产生于白炽的固体或气体放电。现在观测到的原子发射的光谱线已有百万条了。每种原子都有其独特的光谱,犹如人的指纹一样是各不相同的。根据光谱学的理论,每种原子都有其自身的一系列分立的能态,每一能态都有一定的能量。

超导

物体在低温出现超导现象是因为在温度很低的时候,原子核的运动被易子气束缚在很小的范围内,原子与原子形成弹性晶格状,原子只能在晶格中有微弱的振动,内层电子在这些晶格之间做振动,外层自由电子无法将能量传递给原子核,自由电子与巨大的弹性晶格相碰撞,无法将自己的能量转变成巨大弹性晶格的内能,所以无能量损失。在磁场中,只有超导体的外部直接与磁场接触的部分可以被磁化,超导体表现出完全抗磁性。

1911年,荷兰莱顿大学的卡末林·昂内斯意外地发现,将汞冷却到-268.98℃时,汞的电阻突然消失;后来他又发现许多金属和合金都具有与上述汞相类似的低温下失去电阻的特性,由于它的特殊导电性能,卡末林·昂内斯称之为超导态。由于他的这一发现卡末林获得了1913年诺贝尔奖。这一发现引起了世界范围内的震动。在他之后,人们开始把处于超导状态的导体称之为"超导体"。超导体的直流电阻率在一定的低温下突然消失，被称作零电阻效应。导体没有了电阻，电流流经超导体时就不发生热损耗，电流可以毫无阻力地在导线中形成强大的电流，从而产生超强磁场。1933年，荷兰的迈斯纳和奥森菲尔德共同发现了超导体的另一个极为重要的性质，当金属处在超导状态时，这一超导体内的磁感应强度为零，却把原来存在于体内的磁场排挤出去。对单晶锡球进行实验发现：锡球过渡到超导态时，锡球周围的磁场突然发生变化，磁力线似乎一下子被排斥到超导体之外去了，人们将这种现象称之为"迈斯纳效应"。后来人们还做过这样一个实验：在一个浅平的锡盘中，放入一个体积很小但磁性很强的永久磁体，然后把温度降低，使锡盘出现超导性，这时可以看到，小磁铁竟然离开锡盘表面，慢慢地飘起，悬浮不动。迈斯纳效应有着重要的意义，它可以用来判别物质是否具有超导性。

超导材料和超导技术有着广阔的应用前景。超导现象中的迈斯纳效应使人们可以用此原理制造超导列车和超导船，由于这些交通工具将在悬浮无摩擦状态下运行，这将大大提高它们的速度和安静性，并

有效减少机械磨损。利用超导悬浮可制造无磨损轴承，将轴承转速提高到每分钟10万转以上。超导列车已于20世纪70年代成功地进行了载人可行性试验，1987年开始，日本国开始试运行，但经常出现失效现象，出现这种现象可能是由于高速行驶产生的颠簸造成的。超导船已于1992年1月27日下水试航，目前尚未进入实用化阶段。利用超导材料制造交通工具在技术上还存在一定的障碍，但它势必会引发交通工具革命的一次浪潮。

超导材料的零电阻特性可以用来输电和制造大型磁体。超高压输电会有很大的损耗，而利用超导体则可最大限度地降低损耗，但由于临界温度较高的超导体还未进入实用阶段，从而限制了超导输电的采用。随着技术的发展，新超导材料的不断涌现，超导输电的希望能在不久的将来得以实现。现有的高温超导体还处于必须用液态氮来冷却的状态，但它仍旧被认为是20世纪最伟大的发现之一。

📗 真空度

真空度，处于真空状态下的气体稀薄程度，通常用"真空度高"和"真空度低"来表示。真空度高

表示真空度"好"的意思，真空度低表示真空度"差"的意思。"真空度"顾名思义就是真空的程度。是真空泵、微型真空泵、微型气泵、微型抽气泵、微型抽气打气泵等抽真空设备的一个主要参数。所谓"真空"，是指在给定的空间内，压强低于一个标准大气压强的气体状态。在真空状态下，气体的稀薄程度通常用气体的压力值来表示，显然，该压力值越小则表示气体越稀薄。对于真空度的标识通常有两种方法：一是用"绝对压力"、"绝对真空度"标识；在实际情况中，真空泵的绝对压力值介于 0～101.325kPa 之间。绝对压力值需要用绝对压力仪表测量，在20℃、海拔高度等于 0 的地方，用于测量真空度的仪表的初始值为 101.325kPa（即一个标准大气压）。二是用"相对压力"、"相对真空度"来标识。"相对真空度"是指被测对象的压力与测量地点大气压的差值。用普通真空表测量。在没有真空的状态下（即常压时），表的初始值为 0。当测量真空时，它的值介于 0～101.325kPa（一般用负数表示）之间。国际真空行业通用的"真空度"，也是最科学的是用绝对压力标识；指的是"极限真空、绝对真空度、绝对压力"，但"相对真空度"（相对压力、真空表表压、负压）由于测量的方法简便、测量仪器非常普遍、容易买到且价格便宜，因此也有广泛应用。

原子弹

原子弹，利用铀-235 或钚-239 等重原子核裂变反应，瞬时释放出巨大能量的核武器，又称裂变弹。原子弹的威力通常为几百至几万吨级 TNT 当量，有巨大的杀伤破坏力。它可由不同的运载工具携载而成为核导弹、核航空炸弹、核地雷或核炮弹等，或用作氢弹中的初级（或称扳机），为点燃轻核引起热核聚变反应提供必需的能量。

原子弹主要由引爆控制系统、炸药、反射层、核装料组成的核部件、核点火部件和弹壳等结构部件组成。引爆控制系统用来适时引爆炸药；是推动、压缩反射层和核部件的能源；反射层由铍或铀-238 构成，用来减少中子的漏失；核装料主要是铀-235 或钚-239；核点火部件用以提供"点火"中子，以引发链式裂变反应；弹壳用来固定和组合各部件。铀-235、钚-239 这类重原子核在中子轰击下通常会分裂成两个中等质量数的核（称裂变碎器），并放出2～3个中子和200兆电子伏能量（相当于3.2×10¹¹焦耳）。放出的中子，有的损耗在非裂变的核反应中或漏失到裂变系统之外，有的则继续引起重核裂变。如果每一个核裂变后能引起下一代核裂变的中子数平均多于1个，裂变系统就会形成自持的链式裂变反应，中子总数将时间按指数规律增长。例如，当引起下一代裂变的中子数其均为2个时，则在不到1微秒之内，就可以使1千克铀或钚内的 $2.5×10^{24}$ 个原子核发生裂变，并释放约2万吨TNT当量的核能。裂变材料的装量必须大于一定的量，称为临界质量，才能使链式裂变反应自持进行下去。原子弹中要放置相当分量的裂变材料，但不使用时，它们必须处于次临界状态。使用时，要使处于次临界状态的裂变装料瞬间达到超临界状态，并适时提供若干中子触发链式裂变反应。超临界状态可以通过两种方法来达到：一种是"轮法"，又称压拢型，另一种是"内爆法"，又称压紧型。

原子弹中的引爆控制系统在预定时间或条件下发出引爆指令，使炸药起爆，炸药的爆轰产物推动并压缩反射层和核装料，使之达到超临界状态，核点火部件适时提供若干"点火"中子，使核装料内发生链式裂变反应，并猛烈释放能量。随着能量的积累，温度和压力迅速升高，核装料不断膨胀，密度不断下降，最终又成为次临界状态，链式反应趋于熄灭。从炸药起爆到核点火前是爆轰、压缩阶段，通常要几十微秒时间；从核点火到链式裂变反应熄灭是裂变放能阶段，只需要十分之几微秒。原子弹在如此短暂的时间里放出几百至几万吨TNT当量的能量，使整个弹体和周围介质都变成高温高压等离子气团，中心温度可达 10^7K，压力达 10^{15}P。原子弹爆炸产生的高温高压以及各种核反应产生的中子、r射线和裂变碎器，最终形成冲击波、光辐射、早期核辐射、放射性沾染和电磁脉冲等杀伤破坏因素。

中子弹

中子弹是一种以高能中子辐射为主要杀伤力的低当量小型氢弹。中子弹只杀伤敌方人员，对建筑物和设施破坏很小，也不会带来长期放射性污染，尽管从来未曾在实战中使用过，但军事家仍将之称为战场上的"战神"——一种具有核武器威力而又可用的战术武器。

中子弹，亦称"加强辐射弹"，是一种在氢弹基础上发展起来的、以高能中子辐射为主要杀伤力、威力为千吨级的小型氢弹。它属于第三代核武器。中子弹的中心是由一个超小型原子弹作起爆点火，它的周围是中子弹的炸药氘和氚的混合物，外面是用铍和铍合金做的中子反射层和弹壳，此外还带有超小型原子弹点火起爆用的中子源、电子保险控制装置、弹道控制制导仪以及弹翼等。中子弹的特点是爆炸时核辐射效应大、穿透力强，释放的能量不高，冲击波、光辐射、热辐射和放射性污染比一般核武器小。核武器都具有核辐射、冲击波和光辐射等杀伤力。中子弹主要利用爆炸瞬间发出的高能中子辐射来杀伤人员。中子弹爆炸时，核爆炸射出的中子数比同威力的裂变弹大5~6倍，高能中子的比例也大幅增加，其核辐射效应特别大。如一枚千吨级黄色炸药当量（核爆能量单位）的中子弹，在距离爆炸中心800米处的核辐射剂量，是同当量纯裂变核武器的20倍左右。

中子弹的杀伤原理是利用中子的强穿透力。由质子和中子组成的原子核，其质子带正电，中子不带电，中子从原子核里发射出来后，它不受外界电场的作用，穿透力极强。在杀伤半径范围内，中子可以穿透坦克的钢甲和钢筋水泥建筑物的厚壁，杀伤其中的人员。中子穿过人体时，使人体内的分子和原子变质或变成带电的离子，引起人体里的碳、氢、氮原子发生核反应，破坏细胞组织，使人发生痉挛的现象，间歇性昏迷和肌肉失调，严重时会在几小时内死亡。中子弹爆炸时产生的冲击波较小。一枚千吨级黄色炸药当量的中子弹，它的核辐射对人类的瞬间杀伤半径可达800米，但其冲击波对建筑物的破坏半径只400米。中子弹的内部构造大体分四个部分：弹体上部是一个微型原子弹、上部分的中心是一个亚临界质量的钚-239，周围是高能炸药。下部中心是核聚变的心脏部分，称为储氚器，内部装有含氘氚的混合物。储氚器外围是聚苯乙烯，弹的外层用铍反射层包着，引爆时，炸药给中心钚球以巨大压力，使钚的密度剧烈增加。这时受压缩的钚球达到超临界而起爆，产生了强γ射线和X射线及超高压，强射线以光速传播，比原子弹爆炸的裂变碎片膨胀快100倍。当下部的高密度聚苯乙烯吸收了强γ射线和X射线后，便很快变成高能等离子体，使储氚器里的含氘氚混合物承受高温高压，引起氘和氚的聚变反应，放出大量高能中子。鉴于中子弹具有的这一特性，如果广泛使用中子武器，那么战后城市也许将不会像使用原子弹、氢弹那样成为一片废墟，但人员伤亡却会更大。

铍作为反射层，可以把瞬间发生的中子反射击回去，使它充分发挥作用。同时，一个高能中子打中铍核后，会产生一个以上的中子，称为铍的中子增殖效应。这种铍反射层能使中子弹体积大为缩小，因而可使中子弹做得很小。

光电效应

光照射到某些物质上，引起物质的电性质发生变化，这类光致电变的现象被人们统称为光电效应。金属表面在光辐照作用下发射电子的效应，发射出来的电子叫做光电子。光波长小于某一临界值时方能发射电子，即极限波长，对应的光的频率叫做极限频率。临界值取决于金属材料，而发射电子的能量取决于光的波长而与光强度无关，这一点无法用光的波动性解释。还有一点与光的波动性相矛盾，即光电效应的瞬时性，按波动性理论，如果入射光较弱，照射的时间要长一些，金属中的电子才能积累住足够的能量，飞出金属表面。可事实是，只要光的频率高于金属的极限频率，光的亮度无论强弱，光子的产生都几乎是瞬时的，不超过 10^{-9} 秒。正确的解释是光必定是由与波长有关的严格规定的能量单位（即光子或光量子）所组成。这种解释为爱因斯坦所提出。光电效应由德国物理学家赫兹于 1887 年发现，对发展量子理论起了根本性作用，在光的照射下，使物体中的电子脱出的现象叫做光电效应。光电效应分为光电子发射、光电导效应和光生伏打效应。前一种现象发生在物体表面，又称外光电效应。后两种现象发生在物体内部，称为内光电效应。光电效应里，电子的射出方向不是完全定向的，只是大部分都垂直于金属表面射出，与光照方向无关，光是电磁波，但是光是高频震荡的正交电磁场，振幅很小，不会对电子射出方向产生影响。

磁光效应

光与磁场中的物质，或光与具有自发磁化强度的物质之间相互作用所产生的各种现象，主要包括法拉第效应、科顿-穆顿效应、克尔磁光效应、塞曼效应和光磁效应。

物理百科

法拉第效应，线偏振光透过放置磁场中的物质，沿着磁场方向传播时，光的偏振面发生旋转的现象，也称法拉第旋转或磁圆双折射效应。法拉第效应可用于混合碳水化合物成分分析和分子结构研究。近年来在激光技术中这一效应被利用来制作光隔离器和红外调制器。该效应可用来分析碳氢化合物，因每种碳氢化合物有各自的磁致旋光特性；在光谱研究中，可借以得到关于激发能级的有关知识；在激光技术中可用来隔离反射光，也可作为调制光波的手段。因为磁场下电子的运动总附加有右旋的拉穆尔进动，当光的传播方向相反时，偏振面旋转角方向不倒转，所以法拉第效应是非互易效应。这种非互易的本质在微波和光的通信中是很重要的。许多微波、光的隔离器、环行器、开关就是用旋转角大的磁性材料制作的。

科顿-穆顿效应，又称磁双折射效应，简记为 MLB，是 1907 年科顿和穆顿发现的。佛克脱对它进行了较仔细的研究，故也称佛克脱效应。当光的传播方向与磁场垂直时，平行于磁场方向的线偏振光的相速不同于垂直于磁场方向的线偏振光的相速而产生的双折射现象。

克尔磁光效应，线偏振光入射到磁化媒质表面反射出去时，偏振面发生旋转的现象，也叫克尔磁光效应或克尔磁光旋转。这是继法拉第效应发现后，英国科学家克尔于 1876 年发现的第二个重要的磁光效应。按磁化强度和入射面的相对取向，克尔磁光效应分极向克尔磁光效应、横向克尔磁光效应和纵向克尔磁光效应。极向和纵向克尔磁光旋转都正比于样品的磁化强度。通常极向克尔旋转最大、纵向次之。偏振面旋转的方向与磁化强度方向有关。横向克尔磁光效应中实际上没有偏振面的旋转，只是反射率有微小的变化，变化量也正比于样品的磁化强度。1898 年塞曼等人证实了横向克尔磁光效应的存在。克尔磁光效应的物理基础和理论处理与法拉第效应的相同，只是前者发生在物质表面，后者发生在物质体内；前者出现于仅在有自发磁化的物质（铁磁、亚铁磁材料）中，后者在一般顺磁介质中也可观察到。它们都与介电张量非对角组元的实部、虚部有关。克尔磁光效应的最重要应用就是观察铁磁材料中难以捉摸的磁畴。因不同磁畴区的磁化强度的不同取向使入射偏振光产生方向、大小不同的偏振面旋转，再经过检偏器后就出现了与磁畴相应的明暗不同的区域。利用现代技术，不但可进行静态观察，还可进行动态研究。这些都导致一些重要发现和关于磁畴、磁学参数的有效测量。

塞曼效应，在原子、分子物理学和化学中的光谱分析里是指原子的光谱线在外磁场中出现分裂的现象，是1896年由荷兰物理学家塞曼发现的，随后荷兰物理学家洛伦兹在理论上解释了谱线分裂成3条的原因。这种现象称为"塞曼效应"。进一步的研究发现，很多原子的光谱在磁场中的分裂情况非常复杂，称为反常塞曼效应。完整解释塞曼效应需要用到量子力学，电子的轨道磁矩和自旋磁矩耦合成总磁矩，并且空间取向是量子化的，磁场作用下的附加能量不同，引起能级分裂。在外磁场中，总自旋为零的原子表现出正常塞曼效应，总自旋不为零的原子表现出反常塞曼效应。

光磁效应，光照射物质后，物质磁性（如磁化率、磁晶各向异性、磁滞回线等）发生变化的现象。早在1931年就有光照引起磁化率变化的报道，但直到1967年蒂尔等人在掺硅的钇铁石榴石中发现红外光照射引起磁晶各向异性变化之后才引起人们的重视。这些效应多与非三价离子的代换有关，这种代换使亚铁磁材料中出现了二价铁离子，光照使电子在二、三价铁离子间转移，从而引起磁性的变化。因此，光磁效应是光感生的磁性变化，也称光感效应。当然这只是一种机制，其他机制的光磁效应在光存储、光检测、光控器件方面的应用还在研究之中。

拉曼效应

拉曼效应，也称拉曼散射，1928年由印度物理学家拉曼发现，指光波在被散射后频率发生变化的现象。1930年诺贝尔物理学奖授予印度加尔各答大学的拉曼，以表彰他研究了光的散射和发现了以他的名字命名的定律。在光的散射现象中有一特殊效应，和X射线散射的康普顿效应类似，光的频率在散射后会发生变化。频率的变化决定于散射物质的特性，这就是拉曼效应。在拉曼和他的合作者宣布发现这一效应之后几个月，前苏联的兰兹伯格和曼德尔斯坦也独立地发现了这一效应，他们称之为联合散射。拉曼光谱是入射光子和分子相碰撞时，分子的振动能量或转动能量和光子能量叠加的结果，利用拉曼光谱可以把处于红外区的分子能谱转移到可见光区来观测。因此拉曼光谱作为红外光谱的补充，是研究分子结构的有力武器。

光伏效应

"光生伏特效应"，简称"光伏效应"。指光照使不均匀半导体或半导体与金属结合的不同部位之间产生电位差的现象。它首先是由光子（光波）转化为电子、光能量转化为电能量的过程；其次，是形成电压过程。有了电压，就像筑高了大坝，如果两者之间连通，就会形成电流的回路。太阳能发电，其基本原理就是"光伏效应"。太阳能专家的任务就是要完成制造电压的工作。因为要制造电压，所以完成光电转化的太阳能电池是阳光发电的关键。太阳能是各种可再生能源中最重要的基本能源，生物质能、风能、海洋能、水能等都来自太阳能，广义地说，太阳能包含以上各种可再生能源。太阳能作为可再生能源的一种，则是指太阳能的直接转化和利用。通过转换装置把太阳辐射能转换成热能利用的属于太阳能热利用技术，再利用热能进行发电的称为太阳能热发电，也属于这一技术领域；通过转换装置把太阳辐射能转换成电能利用的属于太阳能光发电技术，光电转换装置通常是利用半导体器件的光伏效应原理进行光电转换的，因此又称太阳能光伏技术。

康普顿效应

1923年，美国物理学家康普顿在研究x射线通过实物物质发生散射的实验时，发现了一个新的现象，即散射光中除了有原波长l0的x光外，还产生了波长l>l0的x光，其波长的增量随散射角的不同而变化，这种现象称为康普顿效应。用经典电磁理论来解释康普顿效应遇到了困难。康普顿借助于爱因斯坦的光子理论，从光子与电子碰撞的角度对此实验现象进行了圆满的解释。中国物理学家吴有训也曾对康普顿散射实验作出了杰出的贡献，对康普顿散射现象的研究经历了近二十年才得出正确结果。康普顿效应第一次从实验上证实了爱因斯坦提出的关于光子具有动量的假设。这在物理学发展史上占有重要的位置。康普顿效应的发现，以及理论分析和实验结果的一致，不仅有力地证实了光子假说的正确性，并且证实了微观粒子的相互作用过程中，也严格遵守能量守恒和动量守恒定律。

丁达尔效应

当一束光线透过胶体，从入射光的垂直方向可以观察到胶体里出现的一条光亮的"通路"，这种现象叫丁达尔现象，也叫丁达尔效应。英国物理学家丁达尔，首先发现和研究了胶体中的上述现象。这主要是胶体中分散质微粒散射出来的光。丁达尔现象是胶体中分散质微粒对可见光散射而形成的。它在实验室里可用于胶体与溶液的鉴别。光射到微粒上可以发生两种情况，一是当微粒直径大于入射光波长很多倍时，发生光的反射；二是微粒直径小于入射光的波长时，发生光的散射，散射出来的光称为乳光。散射光的强度，随着颗粒半径增加而变化。悬（乳）浊液分散质微粒直径太大，对于入射光只有反射而不散射；溶液里溶质微粒太小，对于入射光散射很微弱，观察不到丁达尔现象；只有溶胶才有比较明显的乳光，这时微粒好像一个发光体，无数发光体散射结果，就形成了光的通路。散射光的强度，还随着微粒浓度增大而增加，因此进行实验时，溶胶浓度不要太稀。在暗室中，让一束平行光线通过一肉眼看来完全透明的溶胶，从垂直于光束的方向，可以观察到有一浑浊发亮的光柱，其中有微粒闪烁，该现象称为丁达尔效应。在溶胶中分散相粒子直径比可见光波长要短，入射光的电磁波使颗粒中的电子做与入射光波同频率的强迫振动，致使颗粒本身像一个新光源一样，向各方向发出与入射光同频率的光波。丁达尔效应就是粒子对光散射作用的结果，如黑夜中看到的探照灯的光束、晴天时天空中的蓝色，都是粒子对光的散射作用。根据散射光强的规律和溶胶粒子的特点，只有溶胶具有较强的光散射现象，故丁达尔现象常被认为是胶体体系。在光的传播过程中，光线照射到粒子时，如果粒子大于入射光波长很多倍，则发生光的反射；如果粒子小于入射光波长，则发生光的散射，这时观察到的是光波环绕微粒而向其四周放射的光，称为散射光或乳光。丁达尔效应就是光的散射现象或称乳光现象。由于溶胶粒子大小一般不超过 100 纳米，小于可见光波长，因此，当可见光透过溶胶时会产生明显的散射作用。而对于真溶液，虽然分子或离子更小，但因散射光的强度随散射粒子体积的减小而明显减弱，因此，真溶液对光的散射作用很微弱。此外，散射光的强度还随分散体系中粒子浓度增大而增强。所以说，胶体能有丁达尔现象，而溶液没有，可以采用丁达尔现象来区分胶体和溶液。

波粒二象性

波粒二象性是指某物质同时具备波的特质及粒子的特质。波粒二象性是量子力学中的一个重要概念。在经典力学中，研究对象总是被明确区分为两类：波和粒子。前者的典型例子是光，后者则组成了人们常说的"物质"。1905年，爱因斯坦提出了光电效应的光量子解释，人们开始意识到光波同时具有波和粒子的双重性质。1924年，德布罗意提出"物质波"假说，认为和光一样，一切物质都具有波粒二象性。根据这一假说，电子也会具有干涉和衍射等波动现象，这被后来的电子衍射试验所证实。

在19世纪末，日臻成熟的原子理论逐渐盛行，根据原子理论的看法，物质都是由微小的粒子——原子构成。比如原本被认为是一种流体的电，由汤普孙的阴极射线实验证明是由被称为电子的粒子所组成。因此，人们认为大多数的物质是由粒子所组成。而与此同时，波被认为是物质的另一种存在方式。波动理论已经被相当深入地研究，包括干涉和衍射等现象。由于光在托马斯·杨的双缝干涉实验中，以及夫琅和费衍射中所展现的特性，明显地说明它是一种波动。不过在20世纪来临之时，这个观点面临了一些挑战。1905年由爱因斯坦研究的光电效应展示了光粒子性的一面。随后，电子衍射被预言和证实了。这又展现了原来被认为是粒子的电子波动性的一面。这个波与粒子的困扰终于在20世纪初由量子力学的建立而解决，即所谓波粒二象性。它提供了一个理论框架，使得任何物质在一定的环境下都能够表现出这两种性质。量子力学认为自然界所有的粒子，如光子、电子或是原子，都能用一个微分方程，如薛定谔方程来描述。这个方程的解即为波函数，它描述了粒子的状态。波函数具有叠加性，即，它们能够像波一样互相干涉和衍射。同时，波函数也被解释为描述粒子出现在特定位置的几率幅。这样，粒子性和波动性就统一在同一个解释中。

日常生活中之所以观察不到物体的波动性，是因为它们的质量太大，导致特征波长比可观察的限度要小很多，因此可能发生波动性质的尺度在日常生活经验范围之外。这也是为什么经典力学能够令人满意地解释"自然现象"。反之，对于基本粒子来说，它们的质量和尺度决定了它们的行为主要是由量子力学所描述的，因而与我们所习惯的图景相差甚远。

阿基米德

阿基米德，伟大的古希腊哲学家、数学家、物理学家，静力学和流体静力学的奠基人。也是具有传奇色彩的人物。阿基米德是数学与力学上的伟大学者，并且享有"流体静力学之父"的美称。他通过大量实验发现了杠杆原理，又用几何演绎方法推出许多杠杆命题，并给出严格的证明，其中就有著名的"阿基米德原理"（杠杆原理）。他在数学上也有着极为光辉灿烂的成就，特别是在几何学方面。他的数学思想中蕴涵着微积分的思想，他所缺的是没有极限概念，但其思想实质却伸展到17世纪趋于成熟的无穷小分析领域里去，预告了微积分的诞生。正因为他的杰出贡献，美国的贝尔在《数学人物》上是这样评价阿基米德的：任何一张开列有史以来三个最伟大的数学家的名单之中，必定会包括阿基米德，而另外两人通常是牛顿和高斯。不过以他们的宏伟业绩和所处的时代背景来比较，或拿他们影响当代和后世的深邃久远来比较，还应首推阿基米德。除了牛顿和爱因斯坦，再没有一个人像阿基米德那样为人类的进步做出过这样大的贡献。即使牛顿和爱因斯坦也都曾从他身上汲取过智慧和灵感。他是"理论天才与实验天才合于一人的理想化身"，文艺复兴时期的达·芬奇和伽利略等人都拿他来做自己的楷模。

伽利略·伽利雷

伽利略，意大利著名数学家、物理学家、天文学家和哲学家，近代实验科学的先驱者。1590年，伽利略在比萨斜塔上做了"两个铁球同时落地"的著名实验，从此推翻了亚里士多德"物体下落速度和重量成比例"的学说，纠正了这个持续了1900年之久的错误结论。1609年，伽利略创制了天文望远镜（后被称为伽利略望远镜），并用来观测天体，他发现了月球表面的凹凸不平，并亲手绘制了第一幅月面图。1610年1月7日，伽利略发现了木星的四颗卫星，为哥白尼学说找到了确凿的证据，标志着哥白尼学说开始走向胜利。借助于望远镜，伽利略还先后发现了土星光环、太阳黑子、太阳的自转、金星和水星的盈亏现象、月球的周日和周月天平动，以及银河是由无数恒星组成等。这些发现开辟了天文学的新时代。伽利略著有《星际使者》《关于太阳黑子的书信》《关于托勒密和哥白尼两大世界体系的对话》和《关于两门新科学的谈话和数学证明》。为了纪念伽利略的功绩，人们把木卫一、木卫二、木卫三和木卫四命名为伽利略卫星。人们争相传颂："哥伦布发现了新大陆，伽利略发现了新宇宙"。伽利略为牛顿的牛顿运动定律第一、第二定律提供了启示。他非常重视数学在应用科学方法上的重要性，特别是实物与几何图形符合程度到多大的问题。

布莱士·帕斯卡

帕斯卡是法国数学家、物理学家、思想家。帕斯卡的成就是多方面的。他在数学和物理学方面所作出的贡献，在科学史上占有极其重要的地位。帕斯卡的贡献有：帕斯卡定理、帕斯卡三角形、帕斯卡定律。他同时是近代概率论的奠基人。帕斯卡的数学造诣很深。除对概率论等方面有卓越贡献外，最突出的是著名的帕斯卡定理——是他在《关于圆锥曲线的论文》中提出的。帕斯卡定理是射影几何的一个重要定理，即"圆锥曲线内接六边形其三对边的交点共线"。帕斯卡最主要的贡献还是在物理学上，他发现帕斯卡定律，指封闭容器中的静止流体的某一部分发生的压强变化，将毫无损失地传递至流体的各个部分和容器壁压强等于作用力除以作用面积。根据帕斯卡原理，在水力系统中的一个活塞上施加一定的压强，必将在另一个活塞上产生相同的压强增量。如果第二个活塞的面积是第一个活塞的面积的10倍，那么作用于第二个活塞上的力将增大为第一个活塞的10倍，而两个活塞上的压强仍然相等。水压机就是帕斯卡原理的实例。它具有多种用途，如液压制动等。

克里斯蒂安·惠更斯

惠更斯，荷兰物理学家、天文学家、数学家、他是介于伽利略与牛顿之间一位重要的物理学先驱者，是历史上最著名的物理学家之一，他对力学的发展和光学的研究都有杰出的贡献，在数学和天文学方面也有卓越的成就，是近代自然科学的一位重要开拓者。他建立向心力定律，提出动量守恒定理，并改进了计时器。他于1629年出生于海牙。父亲是大臣和诗人，与笛卡儿等学界名流交往甚密。惠更斯自幼聪慧，13岁时曾自制一台车床，表现出很强的动手能力。1645~1647年在莱顿大学学习法律与数学；1647~1649年转入布雷达学院深造。在阿基米德等人著作及笛卡儿等人直接影响下，致力于力学、光波学、天文学及数学的研究。他善于把科学实践和理论研究结合起来，透彻地解决问题，因此在摆钟的发明、天文仪器的设计、弹性体碰撞和光的波动理论等方面都有突出成就。1663年他被聘为英国皇家学会第一个外国会员，1666年刚成立的法国皇家科学院选他为院士。惠更斯体弱多病，一心致力于科学事业，终生未婚。1695年7月8日在海牙逝世。

艾萨克·牛顿

牛顿，英国伟大的物理学家、数学家、天文学家。恩格斯说："牛顿由于发现了万有引力定律而创立了天文学，由于进行光的分解而创立了科学的光学，由于创立了二项式定理和无限理论而创立了科学的数学，由于认识了力学的本性而创立了科学的力学。"的确，牛顿在自然科学领域里作了奠基性的贡献，堪称科学巨匠。牛顿出生于英国北部林肯郡的一个农民家庭。1661年考上剑桥大学特里尼蒂学校，1665年毕业，这时正赶上鼠疫，牛顿回家避疫两年，期间几乎考虑了他一生中所研究的各个方面，特别是他一生中的几个重要贡献：万有引力定律、经典力学、微积分和光学。牛顿发现万有引力定律，建立了经典力学，他用一个公式将宇宙中最大天体的运动和最小粒子的运动统一起来。宇宙变得如此清晰：任何一个运动都不是无故发生，都是长长的一系列因果链条中的一个状态、一个环节，是可以精确描述的。人们打破几千年来神的意志统治世界的思想，开始相信没有任何东西是智慧所不能确切知道的。相比于他的理论，牛顿更伟大的贡献是使人们从此开始相信科学。牛顿是一个远远超过那个时代所有人智慧的科学巨人，他对真理的探索是如此痴迷，以至于他的理论成果都是在别人的敦促下才公诸于世的，对牛顿来说创造本身就是最大的乐趣。

亨利·卡文迪许

卡文迪许，英国物理学家、化学家。他首次对氢气的性质进行了细致的研究，证明了水并非单质，预言了空气中稀有气体的存在。发现了库仑定律和欧姆定律，将电势概念广泛应用于电学，并精确测量了地球的密度，被认为是牛顿之后英国最伟大的科学家之一。在卡文迪许漫长的一生中，他取得了一系列重大发现——其中，他是分离氢的第一人，把氢和氧化合成水的第一人——但是，他所做的一切都脱离不了"古怪"两个字。他经常在出版的作品中提到从来没有告诉过任何人的实验结果，这使他的科学家同行们老是很气恼。但是，尽管遮遮掩掩，他不光模仿牛顿，而且想要努力超过他。他对导电性能的实验超前了一个世纪，但不幸的是，直到那个世纪过去才被人发现。19世纪末，剑桥大学物理学家詹姆斯·克拉克·麦克斯韦承担了编辑卡文迪许文献的任务，他的大部分成就才为人所知。而到那个时候，发现虽然是他的，但功劳几乎总是已经归属别人。其中，卡文迪许发现或预见到了能量守恒定律、欧姆定律、道尔顿的分压定律、里克特的反比定律、查理的气体定律以及电传导定律，但都没有告诉别人。这只是其中的一部分。据科学史家克劳瑟说，他还预见了"开尔文和达尔文关于潮汐摩擦对减慢地球自转速度的作用的成果、拉摩尔关于局部大气变冷的作用的发现……皮科林关于冷冻混合物的成就以及罗斯布姆关于异质平衡的某些成果"。最后，他还留下线索，直接导致一组名叫惰性气体的元素的发现。其中有几种是极难获得的，最后一种直到1962年才被发现。

库 仑

库仑，法国工程师、物理学家。早年就读于美西也尔工程学校。离开学校后，进入皇家军事工程队当工程师。法国大革命时期，库仑辞去一切职务，到布卢瓦致力于科学研究。法皇执政统治期间，回到巴黎成为新建的研究院成员。1773年发表有关材料强度的论文，所提出的计算物体上应力和应变分布情况的方法沿用到现在，是结构工程的理论基础。1777年开始研究静电和磁力问题。当时法国科学院悬赏征求改良航海指南针中的磁针问题。库仑认为磁针支架在轴上，必然会带来摩擦，提出用细头发丝或丝线悬挂磁针。研究中发现线扭转时的扭力和针转过的角度呈比例关系，从而可利用这种装置测出静电力和磁力的大小，这导致他发明扭秤。他还根据丝线或金属细丝扭转时扭力和指针转过的角度成正比，因而确立了弹性扭转定律。他根据1779年对摩擦力进行的分析,提出有关润滑剂的科学理论,于1881年发现了摩擦力与压力的关系,表述出摩擦定律、滚动定律和滑动定律。设计出水下作业法,类似现代的沉箱。1785~1789年,用扭秤测量静电力和磁力,导出著名的库仑定律。库仑定律使电磁学的研究从定性进入定量阶段,是电磁学史上一个重要的里程碑。

安培

安培,法国物理学家,在电磁作用方面的研究成就卓著,对数学和化学也有贡献。电流的国际单位安培即以其姓氏命名。1775年安培生于里昂一个富商家庭,1836年卒于马赛。1802年他在布尔让-布雷斯中央学校任物理学和化学教授;1808年被任命为法国帝国大学总学监,此后一直担任此职;1814年被选为帝国学院数学部成员;1819年主持巴黎大学哲学讲座;1824年担任法兰西学院实验物理学教授。安培最主要的成就是1820~1827年对电磁作用的研究。1820年7月,奥斯特发表关于电流磁效应的论文后,安培报告了他的实验结果:通电的线圈与磁铁相似;9月25日,

他报告了两根载流导线存在相互影响,相同方向的平行电流彼此相吸,相反方向的平行电流彼此相斥;对两个线圈之间的吸引和排斥也作了讨论。通过一系列经典的和简单的实验,他认识到磁是由运动的电产生的。他用这一观点来说明地磁的成因和物质的磁性。他提出分子电流假说:电流从分子的一端流出,通过分子周围空间由另一端注入;非磁化的分子的电流呈均匀对称分布,对外不显示磁性;当受外界磁体或电流影响时,对称性受到破坏,显示出宏观磁性,这时分子就被磁化了。在科学高度发展的今天,安培的分子电流假说有了实在的内容,已成为认识物质磁性的重要依据。为了进一步说明电流之间的相互作用,1821~1825年,安培做了关于电流相互作用的四个精巧的实验,并根据这四个实验导出两个电流元之间的相互作用力公式。1827年,安培将他的电磁现象的研究综合在《电动力学现象的数学理论》一书中,这是电磁学史上一部重要的经典论著,对以后电磁学的发展起了深远的影响。

乔治·西蒙·欧姆

欧姆,德国物理学家。欧姆从

小就在父亲的教育下学习数学并受到有关机械技能的训练，这对他后来进行研究工作特别是自制仪器有很大的帮助。欧姆的研究，主要是在1817~1827年担任中学物理教师期间进行的。1800年在中学接受过古典式教育。1803年考入埃尔兰根大学，未毕业就在一所中学教书。1811年欧姆又回到埃尔兰根完成了大学学业，并通过考试于1813年获得哲学博士学位。1817年，他的《几何学教科书》一书出版。同年应聘在科隆大学预科教授物理学和数学。在该校设备良好的实验室里，做了大量实验研究，完成了一系列重要发明。他最主要的贡献是通过实验发现了电流公式，后来被称为欧姆定律。1826年，他把这些研究成果写成题目为《金属导电定律的测定》的论文，发表在德国《化学和物理学杂志》上。欧姆在1827年出版的《动力电路的数学研究》一书中，从理论上推导了欧姆定律，此外他对声学也有贡献。1833年，他前往纽伦堡理工学院任物理学教授。1841年，欧姆获英国伦敦皇家学会的柯希利奖章，第二年当选为该学会的国外会员。1852年，他被任命为慕尼黑大学教授。为了纪念他，人们把电阻的单位命名为欧姆。

其定义是：在电路中两点间，当通过1安培稳恒电流时，如果这两点间的电压为1伏特，那么这两点间导体的电阻便定义为1欧姆。欧姆的研究成果最初公布时，没有引起科学界的重视，并受到一些人的攻击，直到1841年，英国皇家学会授予欧姆科普勒奖章，欧姆的工作才得到了普遍的承认。科普勒奖是当时科学界的最高荣誉。1854年7月，欧姆在德国曼纳希逝世。

📖 迈克尔·法拉第

法拉第，英国物理学家，也精于化学，在电磁学及电化学领域都有重要贡献。法拉第是英国著名化学家戴维的学生和助手，他的电磁感应的发现奠定了电磁学的基础，是麦克斯韦的先导。他家境贫寒，未受过系统的正规教育，但却在众多领域中做出惊人成就，堪称刻苦勤奋、探索真理、不计个人名利的典范，对于青少年富有教育意义。开尔文勋爵对法拉第非常了解，他在纪念法拉第的文章中说："他的敏捷和活跃的品质，难以用言语形容。他的天才光辉四射，使他的出现呈现出智慧之光，他的神态有一种独特之美，这有幸在他家里——皇家学院见过他的任何人都会感觉到的,从思想最深刻的哲学家到最质朴的儿童。"法拉第被公认为最伟大的"自然哲学家"之一。法拉第的伟大成功也许部分地正是由于他所生活的时代。丰富的想象力加上足智多谋的实验才能,工作热情和相应的耐性,使他能够迅速地分辨假象,统观一切。他具有哲学思想,他在几何学和空间上的洞察力,以及善于持久思考的能力,正好补偿了他数学上的不足。

詹姆斯·克拉克·麦克斯韦

麦克斯韦,英国物理学家、数学家。科学史上,称牛顿把天上和地上的运动规律统一起来,是实现第一次大综合,麦克斯韦把电和光统一起来,是实现第二次大综合,因此与牛顿齐名。他1873年出版的《论电和磁》,也被尊为继牛顿《原理》之后的一部最重要的物理学经典。没有电磁学就没有现代电工学,也就不可能有现代文明。

麦克斯韦是继法拉第之后,集电磁学大成的伟大科学家。1831年出生在苏格兰的爱丁堡,自幼聪颖,父亲是个知识渊博的律师,使麦克斯韦从小受到良好的教育。10岁时进入爱丁堡中学学习14岁就在爱丁堡皇家学会会刊上发表了一篇关于二次曲线作图问题的论文,已显露出出众的才华。1847年进入爱丁堡大学学习数学和物理。1850年转入剑桥大学三一学院数学系学习,1854年以第二名的成绩获史密斯奖学金,毕业留校任职两年。1856年在苏格兰阿伯丁的马里沙耳任自然哲学教授。1860年到伦敦国王学院任自然哲学和天文学教授。1861年选为伦敦皇家学会会员。1865年春辞去教职回到家乡系统地总结他的关于电磁学的研究成果,完成了电磁场理论的经典巨著《论电和磁》,并于1873年出版,1871年受聘为剑桥大学新设立的卡文迪许试验物理学教授,负责筹建著名的卡文迪许实验室,1874年建成后担任这个实验室的第一任主任,直到1879年11月5日在剑桥逝世。

麦克斯韦主要从事电磁理论、分子物理学、统计物理学、光学、力学、弹性理论方面的研究。尤其是他建立的电磁场理论,将电学、磁学、光学统一起来,是19世纪物理学发展的最光辉的成果,科学史上最伟大的综合之一。他预言了电磁波的存在。这种理论预见后来得到了充分的实验验证。他为物理学树起了一座丰碑。造福于人类的无线电技术,就是以电磁场理论为基础发展起来的。

洛伦兹

洛伦兹，荷兰物理学家、数学家，1853年生于阿纳姆，并在该地上小学和中学，成绩优异，少年时就对物理学感兴趣，同时还广泛地阅读历史和小说，并且熟练地掌握多门外语。他虽然生长在基督教的环境里，但却是一个自由思想家。

洛伦兹是经典电子论的开创者。1892年，洛伦兹发表了经典电子论的第一篇论文。在这篇论文中，洛伦兹明确地把连续的场和包含分立电子的物质完全分开，同时又为麦克斯韦方程组追加了一个洛伦兹力方程。于是，连续的场和分立的电子，就由这个洛伦兹力来联系。在此基础上，洛伦兹把当时所得到的电磁光学的各种结果，重新整理加以格式化，确立了经典电子论的基础。许多从他那里学习电动力学的理论物理学家认为，这是洛伦兹一生中最伟大的贡献之一。当新物理学开始崛起的时候，洛伦兹也推导过黑体辐射能量分布公式。他只能用自己的理论计算能谱的长波极限。他了解普朗克1900年的黑体辐射量子理论包含整个光谱，也了解普朗克的量子假设与他自己的电子论基础完全不同。但1908年洛伦兹以有利于普朗克量子论的口吻说，普朗克理论是唯一能解释黑体辐射整个光谱的。洛伦兹是最早能这样指出并强调量子假说和电子论假说之间存在深刻对立的人之一。1896年，洛伦兹用电子论成功地解释了由莱顿大学的塞曼新近发现的原子光谱磁致分裂现象。洛伦兹断定该现象是由原子中负电子的振动引起的。他从理论上导出的负电子的荷质比，与汤姆生从阴极射线实验得到的结果相一致。由于塞曼效应的发现和解释，洛伦兹和塞曼分享了1902年度的诺贝尔奖。除了诺贝尔物理学奖，洛伦兹还获得过英国皇家学会的伦福特和科普利奖章，并且接受了巴黎大学和剑桥大学名誉博士、德国物理学会和英国皇家学会国外会员的光荣称号。

洛伦兹于1928年2月4日在荷兰的哈勃姆去世，终年75岁。为了悼念这位荷兰近代文化的巨人，举行葬礼的那天，荷兰全国的电信、电话中止三分钟。世界各地科学界的著名人物参加了葬礼。爱因斯坦在洛伦兹墓前致词说：洛伦兹的成就"对我产生了最伟大的影响"，他是"我们时代最伟大、最高尚的人"。

阿尔伯特·爱因斯坦

爱因斯坦，举世闻名的德裔美国科学家，现代物理学的开创者和奠基人。1921年诺贝尔奖获得者。爱因斯坦1900年毕业于苏黎世工业大学，1909年开始在大学任教，1914年任威廉皇家物理研究所所长兼柏林大学教授。后因"二战"爆发移居美国，1940年入美国国籍。19世纪末期是物理学的大变革时期，爱因斯坦从实验事实出发，重新考查了物理学的基本概念，在理论上做出了根本性的突破。他的一些成就大大推动了天文学的发展。他的量子理论对天体物理学、特别是理论天体物理学都有很大的影响。理论天体物理学的第一个成熟的方面——恒星大气理论，就是在量子理论和辐射理论的基础上建立起来的。爱因斯坦的狭义相对论成功地揭示了能量与质量之间的关系，坚守着"上帝不掷骰子"的量子论诠释（微粒子振动与平动的矢量和）的决定论阵地，解决了长期存在的恒星能源来源的难题。近年来发现越来越多的高能物理现象，狭义相对论已成为解释这种现象的一种最基本的理论工具。其广义相对论也解决了一个天文学上多年的不解之谜，并推断出后来被验证了的光线弯曲现象，还成为后来许多天文概念的理论基础。

史蒂芬·威廉·霍金

霍金，英国物理学家，在公众评价中，被誉为是继爱因斯坦之后最杰出的理论物理学家之一。他提出宇宙大爆炸自奇点开始，时间由此刻开始，黑洞最终会蒸发，在统一20世纪物理学的两大基础理论——爱因斯坦的相对论和普朗克的量子论方面走出了重要一步。1942年1月8日在英国牛津出生，曾先后毕业于牛津大学和剑桥大学，并获剑桥大学哲学博士学位。他之所以在轮椅上坐了39年，是因为他在22岁时就不幸患上了使肌肉萎缩的卢伽雷氏症，演讲和问答只能通过语音合成器来完成。英国剑桥大学应用数学及理论物理学系教授，当代最重要的广义相对论和宇宙论家，是20世纪享有国际盛誉的伟人之一，被称为在世的最伟大的科学家，还被称为"宇宙之王"。70年代他与彭罗斯一起证明了著名的奇性定理，为此他们共同获得了1988年的沃尔夫物理奖。他因此被誉为继爱因斯坦之后世界上最著名的科学思想家和最杰出的理论物理学家。他还证明了黑洞的面积定理，即随着时间的增加黑洞的面积不减。这很自然使人将黑洞的面积和热力学的熵联系在一起。1973年，他考虑黑洞附近的量子效应，发现黑洞会像黑体一样发出辐射，其辐射的温度和黑洞质量成反比，这样黑洞就会因为辐射而慢慢变小，而温度却越变越高，它以最后一刻的爆炸而告终。黑洞辐射的发现具有极其基本的意义，它将引力、量子力学和统计力学统一在一起。1974年以后，他的研究转向量子引力论。虽然人们还没有得到一个成功的理论，但它的一些特征已被发现。例如，空间-时间在普朗克尺度下不是平坦的，而是处于一种泡沫的状态。在量子引力中不存在纯态，因果性受到破坏，因此使不可知性从经典统计物理、量子统计物理提高到了量子引力的第三个层次。1980年以后，他的兴趣转向量子宇宙论。2004年7月，霍金修正了自己原来的"黑洞悖论"观点，信息应该守恒。霍金认为他一生的贡献是在经典物理的框架里，证明了黑洞和大爆炸奇点的不可避免性，黑洞越变越大；但在量子物理的框架里，他指出，黑洞因辐射而越变越小，大爆炸的奇点不但被量子效应所抹平，而且整个宇宙正是起始于此。理论物理学的细节在未来的20年中还会有变化，但就观念而言，现在已经相当完备了。

墨子

墨子，姓墨，名翟，战国初年学者、思想家，墨家学派创始人。墨子作为中国战国时期著名思想家、政治家、军事家、社会活动家和自然科学家，提出了"兼爱""非攻"等观点，创立墨家学说，并有《墨子》一书传世。墨子和他的弟子流传下来的著作只有《墨子》一书。全书原有71篇，现存53篇。这本书主要是墨子的弟子记述墨子言行的汇集，代表了墨家学派的思想。由于墨子和他的弟子能够吃苦耐劳、勇敢善战、参加生产、勤于实验，因此，墨家不仅在思想上有重要的影响，而且在科学技术上也有重大成就。墨家关于科学技术的论述，包括数学、力学、声学、光学等方面，主要保存在《墨经》中，《墨经》是《墨子》的一部分。在力学方面，墨家给"力"下了符合科学的定义。对杠杆平衡的研究，不仅考虑到力的大小，而且考虑到力臂的长短，实际上提出了力矩的概念。可以说，墨家已经发现了杠杆的平衡条件。此外，墨家对运动和时间、轮轴、斜面、圆球运动以及浮力等问题，都有深刻的论述。在声学方面，墨家的突出成就是把固体传声和声音共鸣在军事上的巧妙运用。在光学方面，墨家研究得更多。他们做了世界上最早的小孔成像实验。此外，墨家对飞鸟的影子、物体的本影和半影、凹面镜和凸面镜的成像现象等，也都作了许多研究。从墨家对物理学的研究成果来看，虽然某些方面还比较原始，但有不少同近代物理上的实验结果是一致的。可以认为，《墨经》是当时世界上最高水平的自然科学论著。

张衡

张衡，东汉建初三年生，永和四年卒，字平子，南阳西鄂（今河南南阳市石桥镇）人。他是我国东汉时期伟大的天文学家、数学家、发明家、地理学家、制图学家、诗人、汉朝官员，为我国天文学、机械技术、地震学的发展做出了不可磨灭的贡献；在数学、地理、绘画和文学等方面，张衡也表现出了非凡的才能和广博的学识。张衡是东汉中期浑天说的代表人物之一；他指出月球本身并不发光，月光其实是日光的反射；他还正确地解释了月食的成因，并且认识到宇宙的无限性和行星运动的快慢与距离地球远近的关系。张衡观测记录了2500颗恒星，创制了世界上第一架能比较准确地表演天象的漏水转浑天仪，第一架测试地震的仪器——候风地动仪，还制造出了指南车、自动记里鼓车、飞行数里的木鸟等。张衡共著有科学、哲学、和文学著作32篇，其中天文著作有《灵宪》和《灵宪图》等。为了纪念张衡的功绩，人们将月球背面的一个环形山命名为"张衡环形山"，将小行星1802命名为"张衡小行星"。20世纪中国著名文学家、历史学家郭沫若对张衡的评价是："如此全面发展之人物，在世界史中亦所罕见，万祀千龄，令人景仰。"

沈括

沈括，字存中，号梦溪丈人，北宋杭州钱塘县（今浙江杭州）人，北宋科学家、政治家。晚年以平生见闻，在镇江梦溪园撰写了笔记体巨著《梦溪笔谈》。沈括精通天文、数学、物理学、化学、生物学、地理学、农学和医学；他还是卓越的工程师、出色的军事家、外交家和政治家；同时，他博学善文，对方志律历、音乐、医药、卜算等无所不精。他晚年所著的《梦溪笔谈》详细记载了劳动人民在科学技术方面的卓越贡献和他自己的研究成果，反映了我国古代特别是北宋时期自然科学达到的辉煌成就。《梦溪笔谈》不仅是我国古代的学术宝库，而且在世界文化史上也有重要的地位。《梦溪笔谈》中所记载这方面的见解和成果，涉及力学、光学、磁学、声学等各个领域。特别是他对磁学的研究成就卓著。沈括在《梦溪笔谈》中第一次明确地谈到磁针的偏角问题。在光学方面，沈括通过亲自观察实验，对小孔成像、凹面镜成像、凹凸镜的放大和缩小作用等作了通俗生动的论述。他对我国古代传下来的所谓"透光镜"（一种在背面能看到正面图案花纹的铜镜）的透光原因也做了一些比较科学的解释，推动了后来对"透光镜"的研究。此外，沈括还剪纸人在琴上做实验，研究声学上的共振现象。在《梦溪笔谈》中有关"太阴玄精"（石膏晶体）的记载里，沈括根据形状、潮解、解理和加热失水等性能的不同，区分出几种晶体，指出它们虽然同名，却并不是一种东西。他还讲到了金属转化的实例，如用硫酸铜溶液把铁变成铜的物理现象。他记述的这些鉴定物质的手段，说明当时人们对物质的研究已经突破单纯表面现象的观察，而开始向物质的内部结构探索进军了。

郭守敬

郭守敬，中国元朝的大天文学家、数学家、水利专家和仪器制造家。字若思，顺德邢台人，汉族。生于元太宗三年，卒于元仁宗延佑二年。郭守敬幼承祖父郭荣家学，攻研天文、算学、水利。

《授时历》是中国古代一部很精良的历法。王恂、郭守敬等人曾研究分析汉代以来的四十多家历法，吸取各历之长，力主制历应"明历之理"（王恂）和"历之本在于测验，而测验之器莫先仪表"（郭守敬），采取理论与实践相结合的科学态度，取得许多重要成就。郭守敬为修历而设计和监制的新仪器有：简仪、高表、候极仪、浑天象、玲珑仪、仰仪、立运仪、证理仪、景符、窥几、日月食仪以及星晷定时仪12种。在大都（今北京），郭守敬通过三年半约200次的晷影测量，定出至元十四年到十七年的冬至时刻。他又结合历史上的可靠资料加以归算，得出一回归年的长度为365.2425日。这个值同现今世中国古历自西汉刘歆作《三统历》以来，一直利用上元积年和日法进行计算。唐、宋时，曹士等试作改变。《授时历》则完全废除了上元积年，采用至元十七年的冬至时刻作为计算的出发点，以至元十八年为"元"，即开始之年。所用的数据，个位数以下一律以100为进位单位，即用百进位式的小数制，取消日法的分数表达式。

郭守敬晚年致力于河工水利，兼任都水监。至元二十八～三十年，他提出并完成了自大都到通州的运河（即白浮渠和通惠河）工程。至元三十一年，郭守敬升任昭文馆大学士兼知太史院事。他主持河工工程期间，制成一些精良的计时器。

宋应星

宋应星，明末科学家，字长庚，江西奉新县人。他收集与编纂的《天工开物》是世界第一部有关农业和手工业生产和科学技术的百科全书，因此中国科学技术史专家李约瑟称他为"中国的狄德罗"。其他著作还有《论气》、《谈天》等。他28岁考中举人，但以后五次进京会试均告失败。五次跋涉，见闻大增，他说："为方万里中，何事何物不可闻"。他在田间、作坊调查到许多生产知识。他鄙弃那些"知其味而忘其源"的"纨绔子弟"与"经士之家"。在担任江西分宜县教谕（1654~1638）年间写成了《天工开物》。他在《序》中描写这段情况时说："伤哉贫也！欲购奇考证，而乞洛下之资，欲招致同人，商略赝真，而缺陈思之馆。"（想加以验证而无钱，想与同人们讨论真伪而无场馆），只得"炊灯具（备）草"，日夜写书，但"大业文人，弃掷案头，此书于功名进取毫不相关也。"我国古代物理知识大部分分散体现在各种技术过程的书籍中，《天工开物》中也是如此。如在提水工具（筒车、水滩、风车）、船舵、灌钢、泥型铸釜、失蜡铸造、排除煤矿瓦斯方法、盐井中的吸卤器（唧筒）、熔融、提取法等中都有许多力学、热学等物理知识。此外，在《论气》中，宋应星深刻阐述了发声原因及波，他还指出太阳也在不断变化，"以今日之日为昨日之日，刻舟求剑之义"。宋应星刊印《天工开物》后，还曾任福建汀州府推官、亳州知府。1644年明朝灭亡，他挂冠回乡隐居。由于他的反清思想，《四库全书》没有收入他的《天工开物》，但却在日本、欧洲广泛传播。

被译为日、法、英、德、意、俄文，三百多年来国内外也发行16版次，其中关于制墨、制铜、养蚕、用竹造纸、冶锌、农艺加工等方法，都对西方产生了影响，代表了中国明代的技术水平。

吴有训

吴有训（1897～1977），字正之，江西高安人，中国近代物理学奠基人，教育家。1897年生于江西高安荷岭。1920年毕业于南京高等师范学校。1921年赴美入芝加哥大学，随康普顿从事物理学研究，1926年获博士学位。1926年秋回国，先后在江西大学和中央大学任教，1928年秋起任清华大学教授，物理系主任、理学院院长（包括1938年以后在西南联合大学的8年）。1945年10月任中央大学校长。1948年底任上海交通大学教授。1949年任校务委员会主任。1950年夏任中国科学院近代物理研究所所长，同年12月起任中国科学院副院长，吴有训曾经任中国物理学会理事长。1977年11月30日在北京逝世。吴有训在物理学领域中的重要成就是：在参与康普顿的X射线散射研究的开创工作时，他以精湛的实验技术和卓越的理论分析，验证了康普顿效应。1924年他与康普顿合作发表《经过轻元素散射后的钼 Kα 射线的波长》。30年代中，他在清华大学讲授近代物理和普通物理学，注重实验课，并指导许多届学生的毕业论文工作。他不辞辛劳，诲人不倦，亲自指导查阅文献，制备实验装置；以严谨的科学作风培养出许多优秀学生。他毕生致力于中国的科学事业和教育事业。1958年中国科学技术大学成立，他已多年担任中国科学院副院长，且年事已高，但仍亲自讲授大学的物理学课程，为培养人才尽心竭力。吴有训在科学事业领导工作中始终认真负责，虚心听取各方意见，择善而从，赢得了同事们的敬爱。他有魄力，有远见，促进了中国科学事业的发展。

钱学森

钱学森，中国著名物理学家，世界著名火箭专家。浙江杭州人，生于上海，汉族，1959年8月加入中国共产党，博士学位，被誉为"中国导弹之父"，"中国火箭之父"，"导弹之王"，2007年被评为感动中国年度人物。

钱学森1934年毕业于交通大学机械工程系（今上海交通大学机

械工程学院前身的一部分，当时交通大学的校址在上海市徐汇区），1934年在美国麻省理工学院和加利福尼亚理工大学学习。1935年赴美国研究航空工程和空气动力学，1938年获加利福尼亚理工学院博士学位，后留在美国任讲师、副教授、教授以及超音速实验室主任和古根罕喷气推进研究中心主任，并从事火箭研究。1950年开始争取回国，当时一位美国海军的一位高级将领金布尔说："钱学森无论走到哪里，都抵得上5个师的兵力，我宁可把他击毙在美国也不能让他离开。"因此钱学森受到美国政府迫害，失去自由，历经5年于1955年才回到祖国。1955年10月，经过周恩来总理的不断努力，钱学森冲破种种阻力回国后，1959年加入中国共产党。曾任中国科学院力学研究所所长、第七机械工业部副部长、国防科工委副主任、中国科技协会名誉主席等职。

钱学森为中国火箭和导弹技术的发展提出了极为重要的实施方案。1958年4月起，他长期担任火箭导弹和航天器研制的技术领导职务，对中国火箭导弹和航天事业的发展做出了重大贡献。钱学森曾是全国政协副主席、中国科学院数理化学部委员、中国宇航学会名誉理事长、中国科技协会主席。1991年10月，国务院、中央军委授予钱学森"国家杰出贡献科学家"荣誉称号和一级英雄模范奖章。

吴健雄

吴健雄，美籍华人，核物理学家，原籍江苏苏州太仓浏河，生于上海市闵行区。其丈夫是华裔美国物理学家袁家骝，袁世凯次子袁克文的儿子，吴健雄素有"东方居里夫人"之称。

吴健雄出身于书香门第。父亲吴仲裔在家乡创办了明德女子职业补习学校。由于父母提倡男女平等，吴健雄从小就能与其兄弟一样读书识字。在家乡读完小学，1923年考入苏州市第二女子师范学校。1927年以优秀成绩从师范学校毕业，任这一所小学教师。两年后考入南京国立中央大学数学系。一年后转入物理系，1934年获得学士学位后，受聘到浙江大学任物理系助教，后进入中央研究院从事研究工作。1936年入美国加利福尼亚大学。1940年获博士学位。1942年在美国与袁家骝博士结婚。1944年参加了"曼哈顿计划"（研制原子弹）。1952年任哥伦比亚大学副教授。

1958年升为教授。同年,普林斯顿大学授予她名誉科学博士称号,并当选为美国科学院院士。1972年起担任普林斯顿大学物理学教授直到1980年退休。1975年曾任美国物理学会第一任女性会长,同年获得美国总统福特在白宫授予她的国家科学勋章,这是美国最高科学荣誉。1978年在以色列获得沃尔夫奖。1982年受聘为南京大学、北京大学、中国科学技术大学等校的名誉教授,是中国科学院高能物理研究所学术委员会委员。1994年当选为中国科学院首批外籍院士。吴健雄以其卓越的贡献赢得了崇高的荣誉。1958年普林斯顿大学授予她名誉科学博士称号,这是该大学首次把这个荣誉学位授予一位女性。她还获得其他15所大学的名誉学位。美国总统授予她1975年国家科学勋章。1978年她获得国际性的沃尔夫基金会首次颁发的奖金。她受聘为南京大学、北京大学、中国科学技术大学等校的名誉教授,中国科学院高能物理研究所学术委员会委员。

1997年2月16日吴健雄在纽约病逝,终年85岁。遵照她本人生前的愿望,吴健雄的骨灰安放在她的故乡中国江苏太仓浏河镇。纪念馆建于母校东南大学校园内。

钱三强

钱三强,原子核物理学家,中国原子能事业的主要奠基人和组织领导者之一。钱三强浙江湖州人,其父钱玄同是中国近代著名的语言文字学家。钱三强1913年10月16日出生于浙江绍兴。1936年钱三强毕业于清华大学物理系。在短期担任北平研究院物理研究所严济慈所长的助理后,1937年留学法国,在法国巴黎大学居里实验室和法兰西学院原子核化学实验室从事原子核物理研究工作,获博士学位,师从居里夫人的女儿、诺贝尔奖获得者伊莱娜·居里及其丈夫弗里德里克·约里奥·居里。自此期间,在研究铀核三裂变中取得了突破性成果。1946年获法国科学院亨利·德巴微物理学奖金。1948年回国后,他先后担任了中国科学院近代物理研究所(后改名原子能研究所)的副所长、所长,计划局局长,二机部副部长,中国科学院副院长。他作为原子能学科的学术带头人和科技计划的制订者,对中国原子能事业、"两弹一星"计划作出了巨大贡献。晚年的钱三强,担任了中国科协副主席、中国物理学会理事长、中国核学会名誉理事长等职务。1992年逝世。1999年，他被追授了由515克纯金铸成的"两弹一星功勋奖章"，以表彰其贡献。

黄昆

黄昆，中国著名物理学家、中国固体物理学和半导体物理学的奠基人之一、中国科学院院士、第三世界科学院院士、北京大学教授。2001年度国家最高科学技术奖获得者。

黄昆在固体物理学的一些领域中，进行了开拓性工作。1947年黄昆提出固体中杂质缺陷导致X射线漫散射的理论，20世纪70年代已为国外一些科学家所证实和应用，成为研究固体中杂质缺陷的一项有力的手段，被称为"黄散射"；近年来国外在中子衍射中还证实了这种漫散射。1950年黄昆与里斯一起提出了多声子的辐射和无辐射跃迁的量子理论。同年苏联佩卡尔发表了与黄昆的有关辐射部分相平行的理论，但没有考虑到无辐射跃迁问题。黄昆和佩卡尔的理论是近年来研究固体杂质缺陷光谱和半导体载流子复合的奠基性的工作，被国际上称为"黄-佩卡尔理论"或"黄-里斯理论"。1951年黄昆提出了晶体中声子与电磁波的耦合振荡模式，1963年被喇曼散射实验所证实，被命名为极化激元，后来发现其他物质振动也有类似的与电磁波的耦合模式，也被称为极化激元。现在极化激元已经成为分析固体某些光学性质的基础。黄昆当时提出的方程，被称为"黄方程"。黄昆与玻恩合著的《点阵动力学理论》一书是公认的这一学科领域的一部权威著作。

1951年底黄昆回到了刚刚解放不久的新中国，到北京大学物理系任教。为了培养国家急需的科技人才，他毅然中断了自己进行多年，并已取得卓著成就的固体理论研究，投身于普通物理课程的教学工作，与虞福春、褚圣麟等一起，建立了具有中国特色的普通物理教学体系。1956年由北京大学、复旦大学、南京大学、吉林大学、厦门大学五校联合在北大物理系建立了中国第一个半导体专门化研究机构，黄昆任教研室主任，为开创发展中国半导物理学科的教育事业；为培养、造就中国半导体技术骨干队伍，作出了重要贡献，成为中国半导体物理学科的开创者之一。黄昆先后编写了《半导体物理学》、《固体物理学》等教材，在中国高等院校固体物理、半导体物理的教学工作中起了有益的作用。1978年以来黄昆在固体理论研究方面又取得了新的进展。其中关于无辐射跃迁绝热近似和静态耦合理论等价性的证明，澄清了20多年来国际上在这方面理论发展中存在的一些根本性的问题；黄昆提出的无辐射跃迁中声子的统计规律性，有可能为这一领域的研究开辟新的方向。这些成果正引起国际物理学界的关注。

黄昆作为国际著名物理学家，多次进行国际的学术交流。黄昆担任了第15、16、17届国际半导体物理学术会议的国际顾问委员会成员，第13届半导体中的缺陷国际会议的国际顾问委员会成员。1979年和1984年应邀分别赴意大利和美国讲学。1985年7月被选为第三世界科学院院士。

杨振宁

杨振宁，著名美籍华裔科学家、物理学大师、诺贝尔物理学奖获得者。美国纽约州立大学石溪理论物理研究所教授、所长。中国科学院外籍院士。"爱因斯坦讲座"教授、物理学家，1957年诺贝尔物理学奖获得者。

1951年与李政道教授合作，于1956年共同提出弱相互作用中宇称不守恒原理，因而与李政道共获1957年诺贝尔物理学奖。这一原理彻底改变了人类对对称性的认识，促成了此后几十年物理学界对对称性的关注。1954年，同米尔斯博士创立了"杨–米尔斯规范场"论。杨振宁还与巴克斯特教授共同提出了"杨–巴克斯特方程"。他还是美国国家科学院、美国物理学会以及巴西科学院、委内瑞拉科学院和西班牙皇家科学院院士。1986年获美国"国家科学技术奖章"。同年，获纽约市长颁赠的"自由奖章"。1992年当选英国皇家学会的外籍会员。1994年，他获得了美国费城富兰克林研究所的1994～1995年度国鲍威尔科学成就奖。1971年以来多次到中国探亲、访问和讲学。分别受聘为北京大学、复旦大学、中国科技大学、南开大学、中山大学、云南工学院、山西大学、东北师范大学名誉教授。对中国的科技政策提出许多很有建设性的重要建议。在促进中美科技交流和合作中起了重要作用，又努力帮助中国学者和留学生在美进行科研和学习。1995年，他受聘为上海大学名誉教授。1998年，清华大学授予杨振宁博士为清华大学名誉教授。1994年6月被选为中国科学院首批外籍院士。

1995年6月9日,在中国武汉华中理工大学访问时谈到他1957年领取诺贝尔奖的情况时,他说,当时他是以一个中国公民的身份前往斯德哥尔摩领取诺贝尔奖的。在领奖仪式上,他用中国普通话说"我虽然是献身于现代科学,我对我所承受的中国传统和背景,引以为自豪"。杨振宁荣获1995年度中国国际科技合作奖。美国物理学家、诺贝尔奖获得者赛格瑞推崇杨振宁是"全世界几十年来可以算为全才的三个理论物理学家之一"。

邓稼先

邓稼先是安徽怀宁人,著名核物理学家,中国科学院院士。1950年获美国普度大学物理学博士学位。同年回国。历任中国科学院近代物理研究所助理研究员、原子能研究所副研究员,核工业部第九研究院院长,核工业部科技委员会副主任,国防科学工业委员会科技委员会副主任,中科院数学物理学部委员,中国核学会第一、二届常务理事。是中共第十二届中央委员。参加组织和领导我国核武器的研究、设计工作。是我国核武器理论研究工作的奠基者之一。从原子弹、氢弹原理的突破和试验成功及其武器化,到新的核武器的重大原理突破和研制试验,均做出了重大贡献。作为主要参加者,其成果曾获国家自然科学奖一等奖和国家科技进步奖特等奖。是中国核武器研制与发展的主要组织者、领导者,被称为"两弹元勋"。

李政道

李政道美籍华裔物理学家,出生于上海。1957年,与杨振宁一起,因发现弱作用中宇称不守恒而获得诺贝尔物理学奖。他们的这项发现,由吴健雄的实验证实。李政道和杨振宁是最早获诺贝尔奖的华人。

李政道的研究领域很宽,在量子场论、基本粒子理论、核物理、统计力学、流体力学、天体物理方面的工作也颇有建树。1949年与罗森布拉斯和杨振宁合作提出普适费米弱作用和中间玻色子的存在。1951年提出水力学中二维空间没有湍流。1952年与派尼斯合作研究固体物理中极化子的构造。1954年发表了量子场论中的著名的"李模型"理论。1957年与奥赫梅和杨振宁合作提出电荷共轭不守恒和时间不反演的可能性。1959年与杨振宁合作,研究了硬球玻色气体的分子动理论，对研究氦Ⅱ的超流动性做出了贡献。1962年与杨振宁合作，研究了带电矢量介子电磁相互作用的不可重正化性。1964年与瑙恩伯合作，研究了无（静止）质量的粒子所参与的过程中，红外发散可以全部抵销问题，这项工作又称李-瑙恩伯定理。20世纪60年代后期提出了场代数理论。70年代初期研究了CP自发破缺的问题，又发现和研究了非拓扑性孤立子，并建立了强子结构的孤立子袋模型理论。70年代后期和80年代初，继续在路径积分问题、格点规范问题和时间为动力学变量等方面开展工作；后来又建立了离散力学的基础。

李政道十分关心中国物理学的发展，自1972年起多次回中国访问讲学。1980年以来，他发起组织美国几十所主要大学在中国联合招收物理学研究生，为培养中国青年物理学家做出了贡献。他受聘为暨南大学、中国科学技术大学、复旦大学、清华大学等校的名誉教授，中国科学院高能物理研究所学术委员会委员。

版权声明

为提高图书质量,文中引用了部分篇章资料,由于时间、地域和版面原因,无法一一注明出处,为了尊重作者的著作权,北京北斗儒林文化发展有限公司向权利人支付稿酬。请您与北京北斗儒林文化发展有限公司联系。

联 系 人:贺晨光
地 址:北京市朝阳区管庄路万象天际 204 号楼
邮 编:100024
电 话:010-65436894
传 真:010-65436874